李 昊———编著

懂得选择
不要放弃

北京联合出版公司
Beijing United Publishing Co.,Ltd.

图书在版编目（CIP）数据

懂得选择 不要放弃 / 李昊编著. —北京：北京联合出版公司，2004.1
ISBN 978-7-80600-854-6

Ⅰ. 懂… Ⅱ. 李… Ⅲ. 人间交往—通俗读物 Ⅳ. G912.1-49

中国版本图书馆 CIP 数据核字（2003）第 121079 号

懂得选择 不要放弃

著　　者□李昊　编著

出版发行□北京联合出版公司

　　　　（北京市朝阳区安华西里一区 13 楼 2 层 100011）

　　　　（010）64243832　84241642（发行部）　64258473（传真）

　　　　（010）64255036（邮购、零售）

　　　　（010）64251790　64258472　64255606（编辑部）

　　　　E–mail：jinghuafaxing@sina.com

印　　刷□天津冠豪恒胜业印刷有限公司

开　　本□710mm×1000mm　1/16

字　　数□250 千字

印 张 数□18 印张

印　　数□0001—5000

版　　次□2007 年 6 月第 2 版

印　　次□2020 年 9 月第 2 次印刷

书　　号□ISBN 978-7-80600-854-6

定　　价□48.00 元

前 言
PREFACE

　　有这么一个故事：一位名叫桑尼耳的法国飞行员，在清洗战机时，突然一只硕大的狗熊出现在他背后，举起两只蒲扇般的前爪向他扑来。在千钧一发之际，桑尼耳闭上双眼，用尽吃奶的力气纵身一跃，跳上了机翼，从而呼救逃生。

　　不可否认，这个故事的广泛流传，与它本身的惊险性有莫大关系，但真正吸引人们津津乐道的还是它的传奇性：这是一个奇迹。有必要补充的是，当时的机翼离地面的距离至少在2.5米以上。

　　桑尼耳的传奇经历是否也向人们揭示了一些普遍的意义：当你的生活遇到难题或厄运，乃至生命受到威胁之时，你是选择生还是死？乐观还是沉沦？放弃还是坚持？但有一点我们必须清醒，生活从来都是"狗熊"，你只有积极地应对它，任何过早的轻言放弃都意味着灭亡，而任何奇迹的出现都取决于人为的坚持。

　　同时桑尼耳的故事继续向人们诠释着选择的重要性：在桑尼耳"创造"了2.5米的纪录后，在人们的鼓励下，桑尼耳也曾尝试向体育极限挑战，遗憾的是，他再也没有跳上"机翼"，他明智地放弃了这种努力，转而回到他的飞行领域做出了他应有的贡献。可见，我们所谓的种种努力，坚持及不要放弃，是建立在明智抉择的基础上的，而不是盲目的走一条不归路！

请记住，只要你的理想不是去发明什么"发动机"，那么你对你选择的目标，就没有任何退缩的借口与放弃的理由，除非你选择做一个生活的懦夫。

目 录
CONTENTS

1

第一篇

坚持一下，成功就在你的脚下

1. 持之以恒地挑战挫折，直到最后成功

　　如果你选择了奋斗，那么请不要放弃，坚持就能诞生伟人。

　　1832年，林肯失业了，这显然使他很伤心，但他下决心要当政治家，当州议员。糟糕的是，他竞选失败了。在一年里遭受两次打击，这对他来说无疑是痛苦的。

　　接着，林肯着手自己开办企业，可一年不到，这家企业又倒闭了。在以后的17年间，他不得不为偿还企业倒闭时所欠的债务而到处奔波，历经磨难。

　　随后，林肯再一次决定参加竞选州议员，这次他成功了。他内心萌发了一丝希望，认为自己的生活有了转机："可能我可以成功了！"

　　1835年，他订婚了。但离结婚还差几个月的时候，未婚妻不幸去世。这对他精神上的打击实在太大了，他心力交瘁，数月卧床不起。1836年，他得了神经衰弱症。

　　1838年，林肯觉得身体状况良好，于是决定竞选州议会议长，可他失败了。1843年，他又参加竞选美国国会议员，但这次仍然没有成功。

　　林肯虽然一次次地尝试，但却是一次次地遭受失败：企业倒闭、情人去世，竞选败北。要是你碰到这一切，你会不会放弃？放弃这些对你来说是重要的事情？

　　林肯没有放弃，他也没有说："要是失败会怎样？"1846年，他又一次参加竞选国会议员，最后终于当选了。

　　两年任期很快过去了，他决定要争取连任。他认为自己作为国会议员

表现是出色的，相信选民会继续选举他。但结果很遗憾，他落选了。

因为这次竞选他赔了一大笔钱，林肯申请当本州的土地官员。但州政府把他的申请退了回来，上面指出："做本州的土地官员要求有卓越的才能和超常的智力，你的申请未能满足这些要求。"

接连又是两次失败。在这种情况下你会坚持继续努力吗？你会不会说"我失败了"？

然而，林肯没有服输。1854年，他竞选参议员，但失败了；两年后他竞选美国副总统提名，结果被对手击败；又过了两年，他再一次竞选参议员，还是失败了。

林肯一直没有放弃自己的追求，他一直在做自己生活的主宰。1860年，他当选为美国总统。

阿伯拉罕·林肯遇到的敌人你我都曾遇到过。他面对困难没有退却、没有逃跑，他坚持着、奋斗着。他压根就没想过要放弃努力，他不愿放弃，所以他成功了。

一个人想干成任何大事，都要能够坚持下去，坚持下去才能取得成功。说起来，一个人克服一点儿困难也许并不难，难得是能够持之以恒地做下去，直到最后成功。

2. 让压力成为你冲向终点的动力

人生中不能没有"狼"。选择压力，坚持往前冲，自己就能成就自己。

一位名不见经传的年轻人第一次参加马拉松比赛就获得了冠军，并且打破了世界纪录。

他冲过终点后，新闻记者蜂拥而至，团团围住他，不停地提问："你是如何取得这样好的成绩的？"

年轻的冠军喘着粗气说："因为，因为我的身后有一只狼。"

迎着记者们惊讶和探询的目光，他继续说：

"三年前，我开始练长跑。训练基地的四周是崇山峻岭，每天凌晨两三点钟，教练就让我起床，在山岭间训练。可我尽了自己的最大努力，进步却一直不快。

有一天清晨，我在训练的途中，忽然听见身后传来狼的叫声，开始是零星的几声，似乎还很遥远，但很快就急促起来，而且就在我的身后。我知道是一只狼盯上了我，我甚至不敢回头，没命地跑着。那天训练，我的成绩好极了。后来教练问我原因，我说我听见了狼的叫声。教练意味深长地说：'原来不是你不行，而是你的身后缺少了一只狼。'后来，我才知道，那天清晨根本就没有狼，我听见的狼叫，是教练装出来的。从那以后，每次训练时，我都想象着身后有一只狼，成绩突飞猛进。今天，当我参加这场比赛时，我依然想象在我的身后有一只狼。所以我成功了。"

《简·爱》的作者曾意味深长地说过：人活着就是为了含辛茹苦。人的一生肯定会有各种各样的压力，于是内心总经受着煎熬，但这才是真实的人生。确实，没有压力就会轻飘飘的，没有压力肯定没有作为。

3. 再试一次

你不妨再试一次，人生有许多"柳暗花明又一村"的时候。

科学家做过一个有趣的实验：

他们把跳蚤放在桌上，一拍桌子，跳蚤迅即跳起，跳起高度均在其身高的100倍以上，堪称世界上跳得最高的动物！之后，科学家在跳蚤头上罩上一个玻璃罩，再让它跳，这次跳蚤跳得没那么高了。连续多次后，跳蚤改变了起跳高度以适应环境，每次跳跃总保持在罩顶以下高度。接下来逐渐改变玻璃罩的高度，跳蚤都在碰壁后主动改变自己的高度。最后，科学家用了一个接近桌面高度的玻璃罩，这时跳蚤已无法再跳起来了，只能是爬行。科学家于是把玻璃罩打开，再拍桌子，跳蚤仍然不会跳，变成"爬蚤"了。

跳蚤变成"爬蚤"，并非它已丧失了跳跃的能力，而是由于一次次受挫学乖了，习惯了，麻木了。而最可悲之处就在于，实际上玻璃罩已经不存在，它却连"再试一次"的勇气都没有。而且玻璃罩已经存在于其潜意识里，它罩在了思想上。行动的欲望和潜能都被自己扼杀了！

很多人的遭遇与此极为相似。在成长的过程中特别是幼年时代，遭受外界太多的批评、打击和挫折，于是奋发向上的热情、欲望被"自我设限"压制封杀，而又没有得到及时的疏导、排解与鼓励。既对失败惶恐不安，又对失败习以为常，丧失了信心和勇气，渐渐养成了懦弱、狭隘、自卑、孤僻、害怕承担责任、不思进取、不敢拼搏的精神面貌，从而失去了自己的梦想。

这样的性格，在生活中最明显的表现就是随波逐流，没有人生的目标。与生俱来的成功火种过早地熄灭了。

曾经的失败并不意味着永远的失败，曾经达不到的目标并不意味着永远达不到，你可以有自己的梦想，你可以为自己的人生树立一个目标。

4. 选择了生活，还需要坚持挺住

如果你选择未来，那么你是上帝的孩子；如果你选择过去，那么你可能仍是"弃儿"。

　　1920年，美国田纳西州一个小镇上，有个小姑娘出生了。她的妈妈只给她取了个小名，叫小芳。小芳渐渐懂事后，发现自己与其他孩子不一样：她没有爸爸。她是私生子。人们总是用那种冰冷、鄙夷的眼光看她：这是一个没有父亲的孩子，没有教养的孩子，一个不好的家庭的孽种。于是她变得越来越懦弱，开始封闭自我，逃避现实，不与人接触。

　　小芳13岁那年，镇上来了一个牧师，从此她的一生便改变了。小芳听大人说，这个牧师非常好。她非常羡慕别的孩子一到礼拜天，便跟着自己的双亲，手牵手地走进教堂。很多次她只能偷偷地躲在远处，看着镇上的人笑着从教堂里走出来。她只能通过教堂庄严神圣的钟声和人们面部的神情，想象教堂里是什么样，以及人们在里面干些什么。

　　有一天，她终于鼓起勇气，待人们进入教堂后，偷偷溜进去，躲在后排倾听——牧师正在讲：

　　"过去不等于未来。过去你成功了，并不代表未来还会成功；过去你失败了，也不代表未来就要失败。过去的成功或是失败，那只代表过去，未来是靠现在决定的。现在干什么，选择什么，就决定了未来是什么！失败的人不要气馁，成功的人也不要骄傲。成功和失败都不是最终结果，它只是人生过程的一个事件。因此，这个世界上不会有一直成功的人，也没有永远失败的人。"

　　第一次听过后，就有第二次、第三次、第四次、第五次冒险——但每次都是偷听几句话小芳就快速消失掉。因为她懦弱、胆怯、自卑，她认为自己没有资格进教堂，她和常人不一样。

　　一次，小芳听得入了迷，完全忘记了时间的存在，直到教堂的钟声敲响她才猛然惊醒，但已经来不及了。率先离开的人们堵住了她迅速出逃的去路，她只得低头尾随人群，慢慢移动。突然，一只手搭在她的肩上，她惊惶地顺着这只手臂望上去，正是牧师。

　　"你是谁家的孩子？"牧师温和地问道。

　　这句话是她十多年来，最最害怕听到的。

这个时候，牧师脸上浮起慈祥的笑容，说：

"噢——我知道了，我知道你是谁家的孩子——你是上帝的孩子。"

然后，他抚摸着小芳的头发说：

"这里所有的人和你一样，都是上帝的孩子！过去不等于未来——不论你过去怎么不幸，这都不重要。重要的是你对未来必须充满希望。现在就做出决定，做你想做的人。孩子，你要知道，人最重要的不是你从哪儿来，而是你要到哪儿去。只要你对未来保持希望，你现在就会充满力量。不论你过去怎样，那都已经过去了。只要你调整心态，明确目标，乐观积极地去行动，那么成功就是你的。"

牧师话音刚落，教堂里顿时爆发出热烈的掌声——没有人说一句话，掌声就是理解，是歉意，是承认，是欢迎！

从此，小芳变了……在40岁那年，小芳荣任田纳西州州长，之后，她弃政从商，成为世界500家最大企业之一的公司的总裁，成为全球赫赫有名的成功人物。67岁时，她出版了自己的回忆录《攀越巅峰》。在书的扉页上，她写下了这句话：过去不等于未来！

过去可以决定现在，但不能决定未来。你的目标是为未来所设定，你在为你的未来作出选择。

5. 坚持信心，就多加了一根保险丝

选择自信，并不要放弃自信，是给成功多加了一根保险丝。

威尔逊在创业之初，全部家当只有一台分期付款赊来的爆米花机，价值50美元。第二次世界大战结束后，威尔逊做生意赚了点钱，便决定从事地产生意。如果说这是威尔逊的成功目标，那么，这一目标的确定，就是

基于他对自己的市场需求预测充满信心。

当时，在美国从事地产生意的人并不多，因为战后人们一般都比较穷，买地盖房子、建商店、盖厂房的人很少，地的价格也很低。当亲朋好友听说威尔逊要做地产生意，异口同声地反对。

而威尔逊却坚持己见，他认为反对他的人目光短浅。他认为虽然连年的战争使美国的经济很不景气，但美国是战胜国，它的经济会很快进入大发展时期。到那时买地皮的人一定会增多，地皮的价格会暴涨。

于是，威尔逊用手头的全部资金再加一部分贷款在市郊买下很大的一片荒地。这片土地由于地势低洼，不适宜耕种，所以很少有人问津。可是威尔逊亲自考察了以后，还是决定买下了这片荒地。他的预测是，美国经济会很快繁荣，城市人口会日益增多，市区将会不断扩大，必然向郊区延伸。在不远的将来，这片土地一定会变成黄金地段。

后来的事实正如威尔逊所料。不出三年，城市人口剧增，市区迅速发展，大马路一直修到威尔逊买的土地的边上。这时，人们才发现，这片土地周围风景宜人，是人们夏日避暑的好地方。于是，这片土地价格倍增，许多商人竞相出高价购买，但威尔逊不为眼前的利益所惑，他还有更长远的打算。后来，威尔逊在自己这片土地上盖起了一座汽车旅馆，命名为"假日旅馆"。由于它的地理位置好，舒适方便，开业后，顾客盈门，生意非常兴隆。从此以后，威尔逊的生意越做越大，他的假日旅馆逐步遍及世界各地。

威尔逊的经历告诉我们：能否坚持自信与人生的成败息息相关。

19世纪的英国诗人济慈幼年就成为孤儿，一生贫困，备受文艺批评家抨击，恋爱失败，身染痨病，26岁即去世。济慈一生虽然潦倒不堪，却不受环境的支配。他在少年时代读到斯宾塞的《仙后》之后，就肯定自己也注定要成为诗人。济慈一生致力于这个最大的目标，使他成为一位名垂千秋的诗人。他有一次说："我想，我死后可以跻身于英国诗人之列了。"

你自信能够成功，成功的可能性就大为增加。你如果自己心里认定会失败，就永远不会成功。没有自信，没有目标，你就会俯仰他人，一事无成。

要树立自信心就必须信任自己，相信自己。前世界拳击冠军乔·弗列勒每战必胜的秘诀是：参加比赛的前一天，总要在天花板上贴上自己的座右铭——"我能胜！"

我们都知道电话是贝尔发明的，可是，很少有人知道，在贝尔之前，就有人发明了电话，但他没有努力去宣传和推广自己的成果，终于被埋没掉了；贝尔发明了电槐后，起初也不被理睬和相信，但是他信心十足，不断利用各种机会广泛宣传，终于把电话推广开来。其他如萧伯纳、门捷列夫、居里夫人、诺贝尔等，都是靠自信获得成功的典范。

自信是成功的基石，不放弃自信是成功的支撑与保障。

6. 相信你自己，鸿运就会降临

选择好你的人生，定位好你的坐标，鸿运自然会来。

下面是斯蒂芬·阿尔法讲述的自身的一段特殊经历：

"5年前，我经营的是小本农具买卖。我过着平凡而又过得去的生活，但并不理想。我们的房子太小，也没有钱买我们想要的东西。我的妻子并没有抱怨，很显然，她只是安于天命而并不幸福。

我的内心深处变得越来越不满。当我意识到爱妻和我的两个孩子并没有过上好日子的时候，感到深深地被刺痛。

但是今天，一切都有了极大的变化。现在，我有了一所占地2英亩的漂亮新家。我们再也不用担心能否送我们的孩子上一所好的大学了，我的妻子在花钱买衣服的时候也不再有那种犯罪的感觉了。今年夏天，我们全家还去了欧洲度假。我们过上了真正的好生活。

这一切的发生，是因为我利用了信念的力量。5年以前，我听说在底特律有一个经营农具的工作。那时，我们还住在克利夫兰。我决定试试，希望能多挣一点钱。我到达底特律的时间是星期天的早晨，但公司与我面谈的时间是星期一。晚饭后，我坐在旅馆里静思默想，突然觉得自己是多么的可憎。'这到底是为什么！'我问自己，'失败为什么总属于我呢？'我不知道那天是什么促使我做了这样一件事：我取了一张旅馆的信笺，写下5个我非常熟悉的、在近几年内远远超过我的人的名字。他们取得了更多的权力和工作职责。其中两个原是与我邻近的农场主，现已搬到更好的边远地区去了；其他两位我曾经为他们工作过；最后一位则是我的妹夫。

我问自己：什么是这5位朋友拥有的优势呢？我把自己的智力与他们作了一个比较，但我并不认为他们比我更聪明；而他们所受的教育，他们的正直，个人习性等，也并不拥有任何优势。终于，我想到了另一个成功的因素，即主动性。我不得不承认，我的朋友们在这点上胜我一筹。

当时已快深夜3点钟了，但我的脑子却还十分清醒。我第一次发现了自己的弱点。我深深地挖掘自己，发现缺少主动性是因为在我的内心深处我并不看重自己。我坐着度过了残夜，回忆着过去的一切。从我记事起，我便缺乏自信心，我发现过去的我总是在自寻烦恼，自己总对自己说不行，不行，不行！我总在表现自己的短处，几乎我所做的一切都表现出了这种自我贬值。终于我明白了：如果连你自己都不信任自己的话，那么将没有人信任你！

于是我做出了决定：我一直都是把自己当成一个二等公民，从今后，我再也不这样想了。

第二天上午，我仍保持着那种自信心。我暗暗以这次与公司的面谈作为对我自信心的第一次考验。在这次面谈以前，我希望自己有勇气提出比原来工资高750甚至1000美元的要求，但经过这次自我反省后，我认识到了我的自我价值，因而把这个目标提到了3500美元。结果我达到了目的。我获得成功，是因为经过整整一个夜晚的自我分析以后，我终于认识到了自己的价值。"

一块有磁性的金属，可以吸起比它重12倍的重物，但是如果你除去这块金属的磁性，甚至连轻如羽毛的重量它都吸不起来。同样地，人也有两类。一种是有磁性的人，他们充满了信心和信仰。他们知道自己天生就是个胜利者、成功者。另外一种人，是没有磁性的人。他们充满了畏惧和怀疑。机会来时，他们却说："我可能会失败，我可能会失去我的钱，人们会耻笑我。"这一类人在生活中不可能会有成就，因为如果他们害怕前进，他们只好停留在原地。相信你自己，鸿运就会降临。

7. 不会放弃的人不会透支明天

懂得选择的人不贪小利；不会放弃的人不会透支明天。

美国第九位总统威廉·亨利·哈里森小时候曾有一段时间被人认为很傻。为什么呢？邻居们做过这样的试验：拿出一个五分的硬币和一个十分的硬币，让小哈里森从里头挑一个，小哈里森每次都拿那个五分的。每次都屡试不爽，大家均以此为乐。

一个外地人路过此地，听说这件事后，感到很奇怪，于是亲自试验了一回，果然和大家说的一样。外地人仔细观察小哈里森的言行后，拍拍他的肩膀笑着说："小朋友，你一点也不傻，你很聪明。"小哈里森也笑了。外地人没有再说什么就走了，邻居们都感到有些纳闷。

后来，终于有人想明白了为什么：如果小哈里森拿了十分的硬币，下次就不会有人去做这样的试验了，他每次五分的收入就将终止。小哈里森原来是弃眼前的小利来保留长远的利益，小小年纪，就有这样的长远眼光，可真了不起！邻居们都赞叹不已。

一个人在成功的道路上要能走远，首先他得站得高，看得远。只有看得长远，他才能对自己以后要做的事情心里有底，才知道自己行进的方向，以及需要为此采取什么样的行动。

眼光长远的人往往不容易被眼前的得失所迷惑。有很多成功人士的例子都说明了这一点。他们有的面临着金钱的诱惑，有的经历了困境的阻挠。但他们往往能够执著于自己的梦想，从而摆脱眼前利益的诱惑，冲破困境的束缚。因为他们能够很清楚地看到未来的图景，所以他们能意志坚定，矢志不渝。

眼光长远的人往往能走在时代的前沿。他能看见别人所不能看见的东西，掌握事物发展的未来趋势，因而能先行一步。在我们这个竞争日趋激烈、创业变得很艰难的时代里，这是成功不可或缺的元素。

短视者只能迎接失败，即使他们曾经拥有过很优越的条件。他们往往被眼前的利益所迷惑，在透支享受今天的同时，忘记或忽略了给明天播种，最后只能被明天抛弃。

眼前的利益或许更具诱惑力，但你必须知道什么东西更值得你去期待。

战国时期，有两位好朋友，同受业于当时的名师鬼谷子的门下，他们就是我国历史上有名的说客苏秦和张仪。

苏秦出道较早，成功也来得顺利，而张仪初出道时较为普通，郁郁而不得志，不知前途如何。看到苏秦已成大事，张仪便想投其门下，找到一条晋升的捷径。于是，他走到苏秦的门下，期望求取晋见的机会。苏秦的属下安排他住下来，过了好几天张仪才得以见到这位已发达的老友。可惜，苏秦没有热情地款待他，吃饭的时候，不但没有让他同坐，还安置他在最末的位子，吃着仆役们才吃的粗饭。接着苏秦又用话语去羞辱他，说："以阁下的才干，怎么会潦倒到如此境地呢？我实在没有法子帮你，你还是靠自己的运气罢！祝你好运了。"

远道而来的张仪，满以为见到老朋友之后，一定会得到热情的招待和帮忙的，没想到反而招来无名的羞辱。于是，他愤怒地离开了苏秦的住处，希望凭着自己的才能，与苏秦一争高下。

当张仪走了以后，苏秦又暗中派人沿途用金钱接济他，支持他进行游说秦国的工作。苏秦的门人们很奇怪，纷纷问苏秦是怎么回事，苏秦说："张仪的才干，在我之上，我怕他为了贪图一时的眼前小利，过分安于现状而丧失了斗志。所以，我侮辱了他一番，以激起他上进的心。"

不要被微小的成就所诱惑，因为那样会使你安于现状。

8. 初生牛犊

贫穷与富贵，沉默与爆发，敢于选择，就敢于坚持尝试。

两个9岁的男孩——罗伯特和麦克想赚钱，但想来想去，觉得社会上的确没有什么工作可以提供给像他们这样大的孩子。

经过苦思冥想，他们自以为找到了"最好"、"最快"、"最可靠"的赚钱方法。

在接下来的几星期里，罗伯特和迈克跑遍了邻近各家，敲开他们的门，问他们是否愿意把用过的牙膏皮攒下来给他们。迷惑不解的大人们微笑着答应了。有人问他们要它们做什么，对此，他们回答道："这是商业秘密。"

几个星期以后，他们已经攒了足够多的牙膏皮，他们决定把这些牙膏皮"变"成钱。

两个9岁男孩在公路边合力"安装"了一条生产线。还要求罗伯特的爸爸来参观。

罗伯特的爸爸小心地走过来。他看见一个钢壶架在炭火上，里面的废牙膏皮正在熔化（在那个时候，牙膏皮还不是塑料做的，而是铅制的）。当铅皮到达熔点时，罗伯特和迈克就非常小心地把溶液注入到石灰模中。

最后，当溶液全部倒入石灰模后，罗伯特放下钢壶，向他爸爸绽开了笑脸。

他爸爸带着谨慎的微笑问道："你们在干什么？"

罗伯特说："我们正在'弄'钱，我们就要变成富人了！"

迈克咧嘴笑着点头补充道："是的，我们是合伙人。"

他爸爸有些好奇地问："这些石灰模子里面是什么东西？"·

罗伯特说："看，这是已经铸好的一炉。"说着，他用一个小锤子敲开了密封物，他小心地拿掉石灰模的上半部，一个铅制的五分硬币便掉了下来。

"噢，天啊，"他爸爸惊叫了起来，用手摸着额头，"你们在用铅造硬币！"

迈克说："对啊，我们在自己挣钱呐。"

在一堆火和一堆废牙膏皮旁，两个白灰满面的小男孩正在开心地笑着。

罗伯特的爸爸微笑着摇着头。他要孩子们放下手里的东西，和他坐到屋外的台阶上，然后，他微笑着和蔼地向他们解释了"伪造"一词的含义。

孩子们的梦想破灭了！"你的意思是说这么做是违法的？"迈克用颤抖的声音问。

失望之中，罗伯特和迈克在沉默中坐了20分钟才开始收拾残局。罗伯特望着迈克沮丧地说："我们只能当穷人了。"

"不，你们会成功的。"罗伯特的爸爸说，"因为你们有梦想，并能想办法去实现它。虽然你们现在的方法不正确，但我相信，只要你们多动脑筋，终会想出正确的方法，坚持这一方法，你们就会成功的。"

一件事情的成败并不重要，重要的是你是否曾经尝试过。要知道大多数人只是谈论和梦想发财，而那些敢于选择行动的人才能成为出类拔萃的人。

9. 勇闯禁区，你不要放弃机会

作出与众不同的选择，勇闯禁区，你会有意想不到的收获。

在一家效益不错的公司里，总经理叮嘱全体员工："谁也不要走进8楼那个没挂门牌的房间。"但他没解释为什么，员工们都牢牢记住了总经理的叮嘱。

一个月后，公司又招聘了一批员工，总经理对新员工又交代了一次上面的叮嘱。

"为什么？"这时有个年轻人小声嘀咕了一句。

"不为什么。"总经理满脸严肃地答道。

回到岗位上，年轻人还在不解地思考着总经理的叮嘱，其他人便劝他干好自己的工作，别瞎操心，听总经理的，没错，但年轻人却偏要走进那个房间看看。

他轻轻地叩门，没有反应，再轻轻一推，虚掩的门开了，只见里面放着一个纸牌，上面用红笔写着——把纸牌送给总经理。

这时，闻知年轻人闯入那个房间的人开始为他担忧，劝他赶紧把纸牌放回去，大家会替他保密。但年轻人却直奔15楼的总经理办公室。

当他将那个纸牌交到总经理手中时，总经理宣布了一项惊人的结果——"从现在起，你被任命为销售部经理。"

"就因为我把这个纸牌拿来了？"

"没错，我已经等了快半年了，相信你能胜任这份工作。"总经理充满自信地说。

果然，年轻人把销售部的工作搞得红红火火。

勇于走进某些禁区，你会采摘到丰硕的果实，打破条条框框的束缚，勇为天下先的精神正是开拓者的风貌。

一个好的个性，在工作上必会有所表现、有所突破，无论在哪个部门都是别人急于网罗的对象。如果某人老是待在同一个地方，容易守旧，丧失创造力，也会成为包袱对象。如果你是只想过芸芸众生般的生活，你可以维持现状，但你是想过好生活的人，就要奋力去争取每个升迁机会。

10. 最浪费时间的一件事就是太早放弃

很多时候，人们会开始一个新工作，学习新的技艺，然后就在成果出现之前失望地放弃。

如果你参观过开罗博物馆，你会看到从图坦·卡蒙法老王墓挖出的宝藏，令人目不暇接。庞大建筑物的第二层楼大部分放的都是灿烂夺目的宝藏：黄金、珍贵的珠宝、饰品、大理石容器、战车、象牙与黄金棺木，巧夺天工的工艺至今仍无人能及。如果不是霍华德·卡特决定再多挖一天，这些不可思议的宝藏也许仍在地下不见天日。

1922年的冬天，卡特几乎放弃了可以找到年轻法老王坟墓的希望，他的支持者即将取消赞助。卡特在自传中写道：

"这将是我们待在山谷中的最后一季，我们已经挖掘了整整六季了，春去秋来毫无所获。我们一鼓作气工作了好几个月却没有发现什么，只有挖掘者才能体会到这种彻底的绝望感；我们几乎已经认定自己被打败了，正准备离开山谷到别的地方去碰碰运气。然而，要不是我们最后垂死的努力一锤，我们永远也不会发现这远超出我们梦想所及的宝藏。"

霍华德·卡特最后垂死的努力成了全世界的头条新闻，他发现了近代唯一一个完整出土的法老王坟墓。

最浪费时间的一件事就是太早放弃。人们经常在做了90%的工作后，放弃了最后可以让他们成功的10%。这不但输掉了开始的投资，更丧失了经由最后的努力而发现宝藏的喜悦。

11. 只要坚持下去，总有一天情况会好转的

罗纳德·皮尔经常对别人说："只要坚持下去，总有一天情况会好转的。"

罗纳德·皮尔曾经给别人讲过自己的亲身经历：

每当我失意时，我母亲就这样说："最好的总会到来，如果你坚持下去，总有一天你会交上好运。并且你会认识到，要是没有从前的失望，那是不会发生的。"

母亲是对的，当我于1932年大学毕业后，我发现了这点。我当时决定试试在电台找份工作，然后，再设法去做一名体育播音员。我搭便车去了芝加哥，敲开了每一家电台的门——但每次都碰了一鼻子灰。在一个播音室里，一位很和气的女士告诉我，大电台是不会冒险雇用一名毫无经验的新手的。"再去试试，找家小电台，那里可能会有机会。"她说。我又搭

便车回到了伊利诺伊州的迪克逊。虽然迪克逊没有电台，但我父亲说，蒙哥马利·沃德公司开了一家商店，需要一名当地的运动员去经营他的体育专柜。由于我在迪克逊中学打过橄榄球，于是我提出了申请。那工作听起来正适合我，但我没能如愿。

我失望的心情一定是一看便知。"最好的总会到来。"母亲提醒我说。父亲借车给我，于是我驾车行驶了70英里来到了特莱城。我未到爱荷华州达文波特的WOC电台。节目部主任是位很不错的苏格兰人，名叫彼特·麦克阿瑟，他告诉我说他们已经雇用了一名播音员。当我离开他的办公室时，受挫的郁闷心情一下子发作了。我大声地问道："要是不能在电台工作，又怎么能当上一名体育播音员呢？"

我正在那里等电梯，突然我听到了麦克阿瑟的叫声："你刚才说体育什么来着？你懂橄榄球吗？"

接着他让我站在一架麦克风前，叫我凭想象播一场比赛。前一年秋天，我所在的那个队在最后20秒时以一个65码的猛冲击败了对方。在那场比赛中，我打了15分钟。回想当时的情形，我激动地描述着每一个场景。之后，彼特告诉我，我将主播星期六的一场比赛。

在回家的路上，就像自那以后的许多次一样，我想到了母亲的话："如果你坚持下去，总有一天你会交上好运。并且你会认识到，要是没有从前的失望，那是不会发生的。"

在生活中的不幸面前，有没有坚强刚毅的性格，在某种意义上说，也是区别伟人与庸人的标志之一。巴尔扎克说："苦难对于一个天才是一块垫脚石，对于能干的人是一笔财富，而对于庸人却是一道万丈深渊。"有的人在厄运和不幸面前，不屈服，不后退，不动摇，顽强地同命运抗争，因而在重重困难中冲开一条通向胜利的路，成了征服困难的英雄和掌握自己命运的主人。

12. 永远不要满足

永不满足于已有的成就，以更大的热情去获取更大的成功，不断地给自己加压，永远不让"发动机"熄火，才能使自己的生命之车驶向尽可能远的奇境。

齐白石本是个木匠，后靠着自学成为画家，并荣获世界和平奖。然而，他始终不满足于已经取得的成就，不断汲取历代名画家的长处，改变自己作品的风格。他60岁以后的画，明显地不同于60岁以前。70岁以后，他的画风又变了一次。80岁以后，他的画风再度变化。据说，齐白石一生中，画风至少变了五次！即使他已80高龄，还每日挥毫不辍。有时，来了客人或他身体不适，不能作画，过后他也一定补画。正因为齐白石在成功之后仍然马不停蹄，所以他晚年的作品比早期的作品更为成熟，形成了独特的流派与风格。

美籍中国物理学家丁肇中教授，因发现"J"粒子而荣获1976年度的诺贝尔物理学奖。他继续发奋攻关，于1979年又获重大成果——发现了"胶子"。他为什么能接连获胜呢？这是因为他在获奖后不但没有放松自己，反而自我加压。他每天只睡四至六个小时，硬是挤出时间用在科学研究上，不因获奖而放慢前进的步伐。

面对现实，自暴自弃，甘居人后，还不如来个"先飞""多练"，由勤而熟，由熟而巧，通过以勤补拙，成为"巧鸟"。

生物遗传工程著名专家童第周17岁那年考入宁波师范学校的预科班，第2年后，他又考入一所教会中学。这所中学对数理化及英语课的要求很严格，而这几门功课童第周的基础最差，有的课甚至根本没学过。当时有人讥笑他说：我保证你不出3个月就得回家种地。果不其然，第一学期的期末考试，他的总平均成绩是45分，按学校规定，总平均成绩不及格的人必须退学或降级。

童第周本来比同班同学的年龄大好几岁，再降一级怎么行呢？他硬着头皮去央求校长，校长最后勉强答应让他试读半年。自此，童第周每天天不亮就悄悄爬起来在路灯下朗读英语；晚上，熄灯的铃声响了，别人睡下后，他又悄悄地来到校园的路灯下，复习当天的课程。监学被他顽强的学习毅力打动了，破例地允许他在学校熄灯铃打过以后在路灯下学习。就这样，童第周赢得了时间，赢得了学习上的突飞猛进。第二学期的考试成绩公布了：他的总平均分超过了70分，几何还考了个百分。

童第周经过刻苦勤奋的学习，在28岁那一年终于以复旦大学生物系高材生的优异成绩留学比利时。

张博从小就酷爱学习，他嫌自己记忆力不强，为了做到博闻强记，凡是所读的书他一定要亲手抄写，朗诵一遍后，就把它烧掉，又重新抄写，像这样要抄它六七次直到能背诵时，方才作罢。由于经常抄写，他右手握笔管的地方长出了老茧。冬天他的手指开裂，每天要在热水里浸泡好几次才能屈伸。后来他把自己的书房叫做"七录斋"。勤奋学习，坚持不懈，终于使他成为明末著名的文学家。张博写作思路敏捷，别人向他索取诗文，他从来不打草稿，都是当着来客的面，一挥而就，因此，名噪一时。

梅兰芳在刚学戏的时候，面对一个很不利的条件——眼皮下垂，迎风流泪，眼珠转动不灵活。"巧笑情兮，美目盼兮"，唱旦角的眼睛不好，那还成吗？亲戚朋友为他顾虑，他自己也常发愁。后来，他偶然发现观察飞翔的鸽子可以使眼珠变灵活，于是他每天一早起来就放鸽子高飞，盯着它们一直飞到天际、云头，并仔细地辨认哪只是别人的，哪只是自家的，终于练就了舞台上那一双神光四射、精气内涵的秀目。

对许多人来说，要想成功，笨鸟先飞是最好的方法。只要多付出，不怕苦，不放弃，一样可以做得很好。

13. 不放弃，成功就有80%的希望

不放弃，能够坚持理想，那么成功就有80%的希望。

要取得事业成功、生活幸福，重要的要有积极的自我心像，要敢于对自己说："我行！我坚信自己！我是世界上独一无二的人！"

1862年9月，美国总统林肯发表了将于次年1月1日生效的《解放黑奴宣言》。在1865年美国南北战争结束后，一位记者去采访林肯。他问："据我所知，上两届总统都曾想过废除黑奴制，《宣言》也早在他们那时就起草好了。可是他们都没有签署它。他们是不是想把这一伟业留给您去成就英名？"林肯回答："可能吧。不过，如果他们知道拿起笔需要的仅是一点勇气，我想他们一定会非常懊丧。"林肯说完匆匆走了，记者一直没弄明白林肯这番话的含义。

直到林肯去世后，记者才在他留下的一封信里找到了答案。在这封信里，林肯讲述了自己幼年时的一件事："我父亲以较低的价格买下了西雅图的一处农场，地上有很多石头。有一天，母亲建议把石头搬走。父亲说，如果可以搬走的话，原来的农场主早就搬走了，也不会把地卖给我们了。那些石头都是一座座小山头，与大山连着。有一年父亲进城买马，母亲带我们在农场劳动。母亲说，让我们把这些碍事的石头搬走，好吗？于是我们开始挖那一块块石头。不长时间就搬走了。因为它们并不是父亲想象的小山头，而是一块块孤零零的石块，只要往下挖一英尺，就可以把它们晃动。"

林肯在信的末尾说："有些事人们之所以不去做，只是他们认为不可能。而许多不可能，只存在于人们的想象之中。"

这个故事很有启迪性。它告诉大家，有的人之所以不去做或做不成某些事，不是因为他没这个能力，也不是客观条件限制，而是他内心的自我想象首先限制了他，是他自己打败了自己。

一些成功学研究大师分析许多人失败的原因，不是因为天时不利，也不是因为能力不济，而是因为自我心虚，自己成为自己成功的最大障碍。有的人缺乏自重感，总觉得自己这也不是，那也不行，对自己的身材、容貌不能自我接受，时常在人面前感到紧张、尴尬，一味地顺从他人，事情不成功总觉得自己笨，自我责备，自我嫌弃。有的人缺乏自信心，怀疑自己的能力；有的人缺乏安全感，疑心太重，对他人的各种行动充满戒备；有的人缺乏胜任感，工作中缺乏担当重任的气魄，甘心当配角；也有的人反其道而行之，为掩饰自己的缺点或短处，夸张地表现自己的长处或优点……

这些人真正的敌人是他们自己。

每个人在一生之中，或多或少总会有怀疑自己，或自觉不如人的时候。

研究自我形象素有心得的麦斯维尔·马尔兹医生曾说过，世界上至少有95%的人都有自卑感，为什么呢？电视上英雄美女的形象也许要负相当大的责任，因为电视影响人心实在太大了。

有些人的问题就在于太喜欢拿自己和别人比较了。其实，你就是你自己，压根儿不需要拿自己和任何人比较。你不比任何人差，也不比任何人好，造物者在造人的时候，使每一个人都是独一无二，不与任何其他人雷同的。你不必拿自己和其他人比较来决定自己是否成功，应该以自己的成就和能力来决定自己是否成功。

拿破仑·希尔指出：在每一天的生活中，如果你都能够尽力而为、尽情而活，你就是"第一名"！

许多人喜欢看NBA的夏洛特黄蜂队打球，特别喜欢1号博格士。他身高只有1.6米，在东方人里也算矮子，更不用说在即便身高两米都嫌矮的NBA了。

据说博格士是NBA有史以来破纪录的矮子。但这个矮子可不简单，他是NBA表现最杰出、失误最少的后卫之一，不仅控球一流，远投精准，甚至在高个子队员中带球上篮也毫无所惧。

每次看到博格士像一只小黄蜂一样满场飞奔，心里总忍不住赞叹。其实他不只安慰了天下身材矮小而酷爱篮球者的心。

博格士是不是天生的好手呢？当然不是。

博格士从小就长得特别矮小，但他非常热爱篮球，几乎天天都和同伴在篮球场上玩耍。当时他就梦想有一天可以去打NBA，因为NBA的球员不只是待遇奇高，而且也享有风光的社会评价，是所有爱打篮球的美国少年最向往的梦。

每次博格士告诉他的同伴"我长大后要去打NBA"时，所有听到他的话的人都忍不住哈哈大笑，甚至有人笑倒在地上。因为他们"认定"，一个1.6米的矮子是绝不可能混到打NBA的地步！

他们的嘲笑并没有阻断博格士的志向，他用比一般高个子的人多几倍的时间练球，终于成为全能的篮球运动员，也成为最佳的控球后卫。他充分利用了自己矮小的优势：行动灵活迅速，像一颗子弹一样；运球的重心偏低，不会失误；个子小不引人注意，抄球常常得手。

14. 多才多艺，莫不如独精一门

人们常说"一招鲜，吃遍天"。这话想必永远不会过时。无论你是上九流之人还是下九流之辈，只要你对自己从事的行业有所专长，不贪多，坚持下去，那么你肯定就能脱颖而出。

《庄子》一书中，有两个技艺超群的人。
一个是厨房伙计，一个是匠人。厨房伙计即那位宰牛的庖丁，匠人即那位楚国郢人的朋友，叫匠石（不一定就是石匠）。二人的共同之处，就是技艺超群，简直到了出神入化的境界。

先看庖丁，他为梁惠王宰杀一头牛。他那把刀似有神助刷刷刷几下，一个庞然大物，便肉是肉、骨是骨、皮是皮地解剖得清清爽爽。他解牛时，手触、肩依、脚踏、进刀，就像是和着音乐的节拍在表演。更奇的是，庖丁的刀已用了十九年，所宰的牛已经几千头，而那刀仍像刚在磨石上磨过一样锋利。

再看匠石，他的技艺也十分了得。郢人把白灰抹在鼻尖上，让匠石削掉。那白灰薄如蝉翼，匠石挥斧生风，削灰而不伤郢人的鼻子。

古人讲，凡是掌握了一门技艺，无论是做什么的，都可以成名。只要有一技之长，就可以自立。的确是这样。过去老人总对年轻人说："纵有家产万贯，不如薄技在身。"这是最平凡、最实在的"混"迹真理。

一个残疾青年，学会电脑打字，便办起了小小打字社，交活儿及时，打得质量又高，连一些著名作家也慕名而来，让他打文稿。几个下岗大嫂，都是做饭行家，一合计，总不能老靠一点儿救济金度日，于是办起了"嫂子饺子馆"。卖的饺子薄皮大馅，服务热情，很快就兴隆起来。和他们相比，无技之人的确很苦。别说扬名，自立都很困难。现在的社会竞争激烈，没有真本领，很难在社会上立足。

有些人瞧不起技艺，总想做大事。做大事是可以的，比如当总经理，从政做官，做科学家、理论家，等等。但一则要真有那份才能，也要有机遇；二则就是做大事，也常常离不开靠技艺做小事打基础。这个基础，包括锻炼你的实践能力，包括锻炼你的意志，包括对基层实际的体察。有时一技在身，也能助你成就大事。

不要小瞧这些技艺：理发，给死者整容，修表，烹饪，园艺，茶道……只要技艺精深，在当今世界，同样大有可为，同样事业辉煌。

许多原被人视为"雕虫小技"的技艺，今天却有了巨大的商业和社会价值，有的甚至变成一种产业。这种情况应当为有为青年注意，在其中寻找成功的机遇。

15. 规划你的人生

　　我们只有先规划自己的人生，才能去经营人生。规划人生先要由大到小把你最重要的装进你的大脑，而经营人生时，才是由小到大地做起。在对待人生的"大""小"问题上，要注意选择的次序。

　　有一位教授在桌子上放了一个罐子。然后又从桌子下面拿出一些正好可以从罐口放进罐子里的鹅卵石。当教授把石块放完后问他的学生道，"你们说这罐子是不是满的？"

　　"是！"所有的学生异口同声地回答道。

　　"真的吗？"教授笑着问。然后再从桌底下拿出一袋碎石子，把碎石子从罐口倒下去，摇一摇，再加一些，再问学生："你们说，这罐子现在是不是满了？"这回他的学生不敢回答得太快了。

　　最后班上有位学生怯生生地细声回答道："也许没满。"

　　"很好！"教授说完后，又从桌下拿出一袋沙子，慢慢地倒进罐子里。倒完后，再问班上的学生："现在你们再告诉我，这个罐子是满的呢还是没满？"

　　"没有满！"教授再一次称赞这些学生"孺子可教也"。称赞完后，教授从桌底下拿出一大瓶水，把水倒进看起来已经被鹅卵石、小碎石、沙子填满了的罐子里。

　　当这些事都做完之后，教授正色地问他班上的学生："我们从上面这些事情学到什么重要的道理？"

　　班上一阵沉默，然后一位自以为聪明的学生回答说："无论我们的工作多忙，行程排得多满，如果要逼一下的话，还是可以多做些事的。"这位学生回答完后心中很得意地想："这门课到底讲的是时间管理嘛！"

教授听到这样的回答后，点了点头，微笑道："答案不错，但并不是我要告诉你们的重要信息。"说到这里教授故意停顿，用眼睛向全班同学扫了一遍说，"我想告诉各位最重要的信息是，如果你不先将大的鹅卵石放进罐子里去，你也许以后永远没机会把小的碎石等东西再放进去了。"

16. 坚持，钻石就在你身边

安东尼·罗宾说："作好高骛远、不着边际的追求，不如不懈地挖掘自身的钻石宝藏。只要你不懈地运用自己的潜能，你就能够实现自己的人生理想。"

从前，在非洲有一个农场主，一心想要发财致富。一天傍晚，一位珠宝商前来借宿。农场主对珠宝商提出了一个藏在他心里几十年的问题："世界上什么东西最值钱？"

珠宝商回答道："钻石最值钱！"

农场主又问："那么在什么地方能够找到钻石呢？"珠宝商说："这就难说了。有可能在很远的地方，也有可能在你我的身边。我听说在非洲中部的丛林里蕴藏着钻石矿。"

第二天，珠宝商离开了农场，四处收购他的珠宝去了。农场主却激动得一宿未合眼，并马上做出一个决定：将农场以低廉的价格卖给一位年轻的农民，就匆匆上路，去寻找远方的宝藏。

第二年，那位珠宝商又路过农场，晚餐后，年轻的农场主和珠宝商在客厅里闲聊，突然，珠宝商望着书桌上的一块石块两眼发亮，并郑重其事地问农民这块石头是在哪里发现的。农民说："就在农场的小溪边发现的，有什么不对吗？"珠宝商非常惊奇地说："这不是一块普通的石头，这是一块天然钻石！"随后，他们在同样的地方又发现了一些天然钻石。后来经勘测发现：整个农场的地下蕴藏着一个巨大的钻石矿。而那位去远方寻找宝藏的老农场主却一去不返，听说他成了一名乞丐，最后跳进尼罗河里了。

财富不是仅凭奔走四方去发现的，它属于那些自己去挖掘的人，属于依靠自己的土地的人，属于相信自己能力的人。

老农场主的失败缘于这样一个事实：他对自身的资源缺乏充分的了解，因而也就失去了树立自信的前提。

上面讲的这个故事，告诉了我们生活的最大秘密——在你身上拥有钻石宝藏。你身上的钻石宝藏就是潜力和能力。你身上的这些钻石足以使你的理想变成现实。你必须做到的，只是更好地开发你的"钻石"，为实现自己的理想，付出辛劳。只有傻子才肯舍弃眼前生活，而另去那个虚无缥缈的远方，作好高骛远、不着边际的追求。

最可贵的宝藏往往不在远方，而在于我们自身。这也就是我们树立自信的客观基石。我们每个人身上都有巨大的潜力等待我们去开发，去利用。

100多年前，美国费城的6个高中生向他们仰慕已久的一位博学多才的牧师请求："先生，我们想上大学，可是我们没钱。我们中学快毕业了，有一定的学识，您肯教教我们吗？"

这位牧师名叫R·康惠尔，他答应教这6个贫家子弟。同时他又暗自思忖："一定还会有许多年轻人没钱上大学，他们想学习但付不起学费。我应该为这样的年轻人办一所大学。"

于是，他开始为筹建大学募捐。当时建一所大学大概要花150万美元。

康惠尔四处奔走，在各地演讲了5年，恳求大家为出身贫穷但有志于求学的年轻人捐钱。出乎他意料的是，5年来辛苦筹募到的钱还不足

1000美元。

康惠尔深感悲伤，情绪低落。当他走向教堂准备下礼拜的演说词时，低头沉思的他发现教室周围的草枯黄得东倒西歪。他便问园丁："为什么这里的草长得不如别的教堂周围的草呢？"

园丁抬起头来望着牧师回答说："噢，我猜想你眼中觉得这地方的草长得不好，主要是因为你把这些草和别的草相比较的缘故。看来，我们常常是看到别人美丽的草地，希望别人的草地就是我们自己的，却很少去整治自家的草地。"

园丁的一席话使康惠尔恍然大悟。他跑进教堂开始撰写演讲稿。他在演讲稿中写道："我们大家往往是让时间在等待观望中白白流逝，却没有努力工作使事情朝着我们希望的方向发展。我们常常……希望别人的草地就是我们自己的，却很少去整治自家的草地……"。

我们为什么不整治好"自家的草地"呢？该如何整治？如果你还没有具体的"整治计划"，现在就应该考虑着手制定了！

17. 生气不如争气

与其抱怨别人不重视我们，不如不断提高我们的能力。

比尔很不满意自己的工作，他愤愤地对朋友说："我的上司一点也不把我放在眼里，改天我要对他拍桌子，然后辞职不干。"

朋友问他："你对那家贸易公司完全弄清楚了吗？对他们做国际贸易的窍门完全搞通了吗？"

比尔摇了摇头，不解地望着朋友。

朋友建议道："君子报仇十年不晚，我建议你把商业文书和公司组织完全搞通，甚至连怎么修理影印机的小故障都学会，然后再辞职不干。"

看着比尔一脸迷惑的神情，朋友解释道："你用他们的公司，做免费学习的地方，什么东西都学通了之后，再一走了之，不是既出了气，又有许多收获吗？"

比尔听从了朋友的建议，从此便默记偷学，甚至下班之后，还留在办公室研究写商业文书的方法。

一年之后，那位朋友偶然遇到比尔，问道："你现在大概多半都学会了，准备拍桌子不干了吧？"

"可是我发现近半年来，老板对我刮目相看，最近更是不断给我加薪，并对我委以重任，我已经成为公司的红人了！"

"这是我早就料到的！"他的朋友笑着说，"当初你的老板不重视你，是因为你的能力不足，却又不努力学习；而后你痛下苦功，当然会令他对你刮目相看。"

18. 一枚钉子改变一个人的一生

中国有句古话叫：巧诈不如拙诚。意思很明了，无论你如何挖空心思，使用诈术最后都是要被揭穿的，而老老实实做人，保持自己的本色才是根本。哪怕是最难堪的时候，也要坚持平常心态去做人做事。

那是一个阴雨绵绵的日子，35岁的克劳斯特·宾穿得西装革履，提着公文包，准备外出求职。可是在吃早点的时候，他突然从报纸中缝里发现了一则"德国科利银行"招聘经营管理职员的广告。

克劳斯特·宾准时赴约，总经理扬·德班接待了他。克劳斯特·宾一看满脸严肃的总经理，心里就忐忑不安起来。但是他尽力保持镇静，详尽地回答总经理的提问。

总经理问："先生，你能从工作的实际经验出发，给我描述一下公司的未来吗？"

克劳斯特·宾回答说："先生，我认为公司的发展应当是秩序化的管理，而不是什么关于未来的夸夸其谈。"

总经理问："为什么这样说呢？"

"因为我到您这里的时候，已经看到了公司的现状。"这时，外面突然传来警车鸣笛的声音，但是克劳斯特·宾却好像什么也没有听见，仍在认真阐述自己的观点……

总经理说："你是到本公司面试的第109个人，其中有84个人与你的观点相近。"

总经理的话意味着什么，明眼人一听就知道了。克劳斯特·宾心里感到很难受，真是"乘兴而来，败兴而去"，不过，他还是很有礼貌地起身告辞。

他走到门口的时候，突然发现有一个钉子掉在地上，没有多想什么，他就把钉子捡了起来装在自己的口袋里，慢慢地向门外走去……

这时，总经理突然在后面喊道："先生，我能继续和您谈谈吗？"

克劳斯特·宾非常惊讶，礼貌地问："先生，我不是没有希望吗？"

总经理笑着说："先生，在面试的109个人中，只有你一个人是那样回答问题的。重要的就是你刚才捡钉子的动作，实在让我震惊。要知道，有多少面试的人都踢开了这颗钉子，唯有你看到了这颗钉子的存在，这证明你非常务实。我决定录用你！"

事实证明，克劳斯特·宾到了公司之后，脚踏实地，做出了卓越成绩，最终成为公司的总裁。

他之所以在最后的时刻能够成功，就是一种诚实的心态的表现。克劳斯特·宾的举动很简单，甚至是无意间发现了那颗钉子，但是却体现了他一贯的"从细微处入手"的精神，并且表现出一种很坦然的心态。

这个动作很偶然，但很精彩。正是这个"钉子的威力"才使克劳斯特·宾获得了人生的成功。看来，生活中的每一个细节，都可以创造人生辉煌，坚持自己一贯的优点，不愁没有一番成就。

19. 选择双赢

帮助别人发达，自己就能发达。为了成功，不要不择手段，不能不用手段。

1960年，劳埃德在英国的泰晤士河边开了一家咖啡馆。很快，这家咖啡馆就成了船老板、商人、船员等聚会的地方，很多信息都在这里交流，这里成了一个信息通道。

英国之所以成为世界强国，海运事业的高度发达起到了重大的作用。酒店、咖啡店等地方成了这些闯荡大海的人的必到之处。他们在这里畅谈海外的奇闻轶事，回首航海中的风雨历程。这里有喜怒哀乐，这里有悲欢离合。高兴的人庆贺自己一帆风顺，满载而归；悲伤的人哀叹自己海上遇险，血本无归。

一天，咖啡馆老板劳埃德听到一个海员在喝咖啡的时候说，有一个伦巴第人在搞海运保险。这随随便便的一句话，在劳埃德的心中却掀起了波澜。

他想：我何不利用现在的条件，与这些老顾客们联手搞一搞海运保险呢？

他把计划告诉别人，很多人都说，这是很危险的，大海无情，海浪经常是很容易把一条大船掀翻的，这就等于拿着英镑往大海里扔！

他感到有些犹豫，又不断地咨询那些从事海上贸易的老板，老板们对此很感兴趣。接着很多船长、船员、货主、商贩等纷纷表示，如果哪个人愿意来搞海运保险，他们都参加。这些人观点明确，在有了保障的前提下，谁都想碰碰运气，即使失败了，也不会血本无归。

有了这些人的支持，劳埃德终于下了决心。保险业开始的时候是不需要很多资金的，只要物色好了机构办事人员，就可以开张了。不久，一家"劳埃德保险公司"就在泰晤士河畔成立了。

他的保险公司生意一下子就火起来了，昔日一个小小的咖啡店的老板，摇身一变，成了保险业的领军人物。

劳埃德保险公司的发展是很迅速的，除了海运保险，他们还发展了大到火箭发射，小到电影明星的漂亮脸蛋、脱衣舞女的秀腿等业务。真是无所不保，无奇不有。劳埃德因此也成为世人奉目的保险业巨头！

劳埃德的做法不难理解，而洛克菲勒的举动着实让人吃了一惊。

第二次世界大战后不久，战胜国决定成立一个处理世界事务的联合国。可是联合国设在什么地方，一时间成了一个颇费周折的问题。按理说，联合国的地点应该设在一座繁华的城市。可是，在任何一座繁华的城市建立联合国的总部都必须有大量的土地来建造楼房，这些土地必须花费大量的资金。可是刚刚起步的联合国总部却是"说起钱就不亲热"了——无力支付这样一大笔巨款。

正当各国的首脑们商量来商量去的时候，美国的洛克菲勒家族知道了这个消息，立即出巨资870万美元在世界级的大城市纽约买下了一块土地，并且同时买下了这块土地周围的全部土地。在人们惊异的目光中，洛克菲勒家族把这块870万美元买来的土地无偿捐给了联合国。

联合国大厦建起来之后，周围的土地价格立即飙升上去。没有人能够计算出洛克菲勒家族经营这片土地到底赚回来多少个870万美元。

洛克菲勒家族之所以能够收获这丰厚的回报，就是因为他们播下了一粒智慧的种子。这是睿智，这是胆略，这是智谋。

生活从来不会主动向人们诉说什么，只有时间会告诉人们真理。洛克菲勒家族的成功告诉我们：帮助别人就是帮助自己，要想收获就必须先给予，而关键是看准了就大胆地去坚持。

20. 东方不亮西方亮

中国有句俗语叫：不在一棵树上吊死。做任何事都要学会变通，成功因人而异，方法与角度千变万化，任你挑选。

1850年，美国旧金山来了一大批淘金者。那时，这里已经是一个很热闹的地方，只见到处是熙熙攘攘、川流不息的人群。这些人大都衣衫褴褛，蓬头垢面，一副疲于奔命的样子。他们尽管种族不同、语言各异，但是满脑子里都在做着一个共同的美梦：淘金发财。

自从美国西部发现了金矿，便掀起了"淘金热"，世界各地希望"一夜暴富"的人都向这里涌来。

在这川流不息的人群中，有一个叫李威·施特劳斯的年轻人，他是德国的犹太人，抛弃了自己厌倦的家族世袭式的文职工作，跟着两位哥哥远渡重洋也赶到了美国来"发财"。

就像今天贵州、四川等地的农民去广州、上海、北京等地打工一样，现实并非李威想象的那样：这里淘金的人多如牛毛，淘金不是一件好做的事情！

他是一个比较实在的人，心里盘算，做生意或许比淘金更容易赚钱。这样他就开了一间卖日用品的小铺。

从德国来到美国，一切都是新的——既新鲜，又是那样的生疏。要开好这个小店，他得向当地的美国商人学习做生意的窍门，学习他们的语言。犹太人做生意天赋极高，他们自从被赶出家园之后，在世界各地流浪很多年，就是靠他们高超的经商头脑，才在世界各地生存下来。因此，他们的基因里就有做生意的长处，李威也不例外。

没过多久，他就成为一个地道的小商贩了。

一次，有位来小店的淘金工人对李威说："你的帆布很适合我们用。如果你用帆布做成裤子，更适合我们淘金工人用。我们现在穿的工装裤都是棉布做的，很快就磨破了。用帆布做成裤子一定很结实，又耐磨，又耐穿……"

说者无意，听者有心。一句话就把李威点醒了，他连忙取出一块帆布，领着这位淘金工人来到了裁缝店，让裁缝用帆布为这个工人赶制了一条短裤——这就是世界上第一条帆布工装裤。

就是这种工装裤后来演变成一种世界性的服装——李威牛仔裤。

那位矿工拿着帆布短裤高高兴兴地走了。

李威已经考虑成熟了：立即改做工装裤！

成功人士的过人之处就在于能紧紧抓住很多偶然的东西，做出惊人的成就。

李威就是这样：帆布短裤一生产出来，就受到那些淘金工人的热烈欢迎！

这种裤子的特点是结实、耐磨、穿着舒适……

大量的订货单如雪片似的飞来，李威一举成名。

1853年，李威成立了"李威帆布工装裤公司"，大批量生产帆布工装裤，专以淘金者和牛仔为销售对象。

顾客的要求就像上帝的旨意，否则，就会在弱肉强食、优胜劣汰的市场中失去优势，甚至一败涂地。

李威对此是心知肚明的。从帆布工装裤上市的第一天起，他就没有停止过对自己产品进行改造的思考，哪怕是产品处于供不应求的状况，他还是不断从生活中发现问题，产生更新的创意。

他亲自到淘金现场，细心观察矿工的生活和工作特点，想方设法使自己的产品更能满足顾客的需求。为了让矿工免受蚊叮虫咬，他将短裤改为长裤；为了便于矿工把样品矿石放进裤袋时不会裂开，他将原来的线缝改为用金属扣钉牢；为了让矿工们更方便装东西，他又在裤子的不同部位多加几个口袋等。

通过这些不断的改进和提高，李威的裤子越来越得到矿工的欢迎，生意更加兴隆了。

后来，李威发现，法国生产的哔叽布与帆布同等耐磨，但是比帆布柔软多了，并且更美观大方，于是决定用这种新式面料替代帆布。不久，他又将这种裤子改缝得较紧身些，使人穿上显得挺拔洒脱。这一系列的改进，使矿工们更加欢迎。经过不断的改进，牛仔裤的特有式样形成了，"李威裤"的称呼也渐渐改为"牛仔裤"这个独具魅力的名称。

李威本是众多淘金者中的一员，但他看到淘金的人太多，如此激烈的竞争，成功者肯定是少数，不如在这些人身上打主意赚点钱。这正应了那句话——全世界犹太人最聪明、最会做生意。东方不亮西方亮。淘金不成，可以选择"分金"，这样的手段的确高明。

21. 守住勇气的防线

人生路上一旦选择了就不要放弃，成功就是在勇气的支配下坚持一会而获得。

常言说："两强相遇勇者胜。"这是经过长期检验的至理名言，没有一个成功的人是轻轻松松取胜的。勇气存在于我们日常生活中的每一个细节。面对困难是一种勇气，面对权势是一种勇气，面对金钱是一种勇气……勇气就是"富贵不能淫，威武不能屈"。那么我们的勇气又是从什么地方来呢？是心态，只要你以正常心态、平常心态去面对一切，你就什么都不怕了。

吴士宏曾是IBM（中国）公司的总经理。但她之前只是一个护士，那她又是怎样进IBM公司的呢？

1985年，吴士宏决定不再做护士，要到IBM去应聘。当时，IBM的招聘地点在长城饭店，这是一个五星级的饭店。

吴士宏回忆说，在长城饭店门口，自己足足徘徊了五分钟，呆呆地看着那些各种肤色的人如何从容地迈上台阶，如何一点也不胆怯地走进门去，就这样简简单单地进入另一个世界。她之所以徘徊了五分钟不敢进去，就是因为她的内心深处无法丈量自己与这道门之间的距离。

经过一番思考，她最后当然进去了，否则就没有今天的吴士宏了。她是怎样突破这个障碍的呢？她就是凭着一台收音机，花一年半时间学完了许国璋英语三年的课程。她告诉自己，就是凭着这个经历，自己也应该进去，不就是为了这一天吗？

她鼓足了勇气，迈着稳健的步伐，走进了世界最大的信息产业公司IBM公司的北京办事处。她的确是个人才，顺利地通过了两轮笔试和一轮口试，最后到了主考官面前，眼看就要大功告成了。

俗话说：阎王好见，小鬼难缠。现在已经见到了阎王，她好像什么也不怕了。

主考官没有提什么难的问题，只是随口问："你会不会打字？"

她本来不会打字，但是本能告诉她，到了这个地步，还有什么不会呢？

她点点头，只说了一个字："会！"

"一分钟可以打多少个字？"

"您的要求是多少？"

"每分钟120字。"

她不经意地环视了一下四周，考场里没有发现一台打字机，马上就回答："没问题！"

主考官说："好，下次面试时再加试打字！"

她就这样过五关斩六将，顺利地通过了主考官的考查。

实际上，吴士宏从来没有摸过打字机。面试结束，她就飞快地找一个朋友借了170元钱买了一台打字机，就这样没日没夜地练习一个星期，他居然达到专业打字员的水平。

她被录取了，IBM公司"忘记"考她的打字水平了，可是这170元钱，她用了好几个月才还清。

她成了这家世界著名企业的一名普通员工，可是她扮演的不是白领，而是一位卑微的角色，主要工作是泡茶倒水，打扫卫生，用她自己的话说，"完全是脑袋以下的肢体劳动"。她为此感到很自卑，她把可以触摸传真机作为一种奢望，她所感到的安慰就是自己能够在一个可以解决温饱问题而又安全的地方做事。

可是作为一名服务人员，这种心理平衡很快就被打破了。

一天，吴士宏推着平板车买办公用品回来，门卫把她拦在大门口，故意要检查她的外企工作证。她没有外企工作证，于是在大门口僵持了起来，进进出出的人就像看大街上耍猴的那样，个个都投来一种异样的目光。作为一个女性，她的内心充满了屈辱，充满了无奈，可是她知道这份工作得到不容易，没有发泄出来，但是她内心咬着牙在说："我不能这样下去！"

这是第一件事情，还有一件事情在她的内心深处留下很深的印象：

有个女职员，是香港人，资格很老，动不动就喜欢指使人给她办事，吴士宏就是她的主要指使对象。

一天，这位女士叫着吴士宏的英语名字说："Juliet，如果你想喝咖啡就请告诉我！"

吴士宏丈二和尚摸不着头，不知这位自以为是的女人说什么。

这位女士说："如果你喝我的咖啡，每次都请你把杯子的盖子盖好！"

吴士宏本来是一个很能忍气吞声的人，但这次女性的温柔全都不见了，因为她认为那女人把自己当成偷喝咖啡的小毛贼，是一种人格上的侮辱。她顿时浑身战栗，就像一头愤怒的狮子，把埋在内心的满腔怒火全部发泄了出来……

吴士宏想：有朝一日，我要去管公司里的每一个人，不管他是外国人还是香港人！

甘愿自卑，就只能沉沦下去，不肯自卑，就会产生无穷的推动力，吴士宏选择了后者。吴士宏每天除了工作时间就是学习，就是寻找着自己的最佳出路。

最终，与她一起进IBM的，她第一个做了业务代表；她第一批成为本土的经理；她成为第一批赴美国本部进行战略研究的人；她第一个成为IBM华南地区总经理……

对于她来说这些都没有多大意思，吴士宏最终登上了IBM（中国）公司总经理的宝座。

人就是应该有这样一种精神——不会的事情，难道你还不会学吗？

一个人只要肯花时间，少的不说，经过十年的努力，一个智力平平的人可以精通一门学问；一个毫无知识的文盲，可以成为一个彬彬有礼的文化人。只要你有平常心态，去拼搏，去努力，没有理由不成功。

22. 选择"冷门"也是创意

创业的过程中，似乎不必随波逐流，有时候选择一些冷门的行业，也是一种创意，同样能获得成功。

在泰国有个养鳄大王叫杨海泉，他出生于一个贫苦的华侨家庭。父亲杨水青早年前往泰国谋生，为人佣工，母亲做挑担小贩，育9子3女，杨海泉排行第四。由于家境困难，他只断断续续上过一年小学，从10岁起就做童工，先后做过照相馆佣工、客栈的店小二、金铺的伙计，还做过小生意。

15岁那年，杨海泉在别人的帮助下，开了一家小小的杂货店，主要收购当地的土特产转卖给商人。但是没有多久，杂货店就关门了，这是他生意场上的第一次失利。他总结出一条经营之道，即：在激烈的竞争中必须独辟蹊径，大胆开创冷门生意，这样才能独占鳌头，立于不败之地。

可是，冷门在哪里呢？

一天，杨海泉遇到了一个以猎杀鳄鱼为生的旧相识，两人在一起谈起鳄鱼，谈出了兴趣。那人介绍道："鳄鱼的全身都是宝，捕杀鳄鱼的人发了大财，但是现在鳄鱼已越来越难捕了，就连小鳄鱼也在捕杀之列。"

杨海泉灵机一动，立即想到：如果这样滥猎滥捕，即使是一座金山也会被挖空的，何况是动物呢？如果把鳄鱼的幼仔饲养起来，就像养羊养猪那样，长大了再杀，不就可以"无穷无尽"了吗？

然而畜养鳄鱼自古未闻，家人和亲友对此都不屑一顾，对他冷嘲热讽。

可是杨海泉毫不动摇，说干就干。他一面到鳄鱼产区去廉价收购幼鳄；一面很快就在自家的地里修筑了一个养鳄鱼的池子。小鳄鱼不值钱，杨海泉是一个十分勤劳的人，得到了那些猎鳄人的好感，很多人就白白地把小鳄鱼送给了他。

小鳄鱼不断多起来，但是杨海泉很穷，连很少的鳄鱼饲养费都拿不出来。亲戚朋友看到杨海泉的这种"反常"举动，都纷纷前来劝阻。

他的母亲更是反对，以"养虎伤人，养鳄积恶"责怪他，说他是异想天开，想钱想疯了……

但是，杨海泉就是有一股"九头牛拉不回来"的倔劲儿，一点儿也没有动摇。他认为，别人嫌弃的，不愿意干的，才有可能取得成功；别人没有走过的路，走起来才会更加宽广……

人工饲养鳄鱼是一件前无古人的事情，没有规律可循，没有老师可拜。事实证明，敢为人先的人就必须有胆量经受各种磨炼。

喂养鳄鱼比喂养一个初生婴儿还要困难。

刚刚开始的时候，由于缺乏饲养经验，有些小鳄鱼因此而丧命。成年鳄鱼给人的感觉是十分凶悍的，但是小鳄鱼的生命却很脆弱，对气候反应很敏感，对小小的惊恐也会发生痉挛而生病，严重的还会残废或丧命。可是这一切并没有吓住杨海泉，他经过日日夜夜认真地观察，难题终于得以解决，他成功地闯过第一关。

一波未平，一波又起，更大的问题在等着杨海泉。主要有以下两个方面：一是小鳄鱼喜欢吃鱼类或水中的小动物，有时还要吃肉，杨海泉很难拿出这么多钱去买饲料；二是随着鳄鱼的不断长大，原来的鳄鱼池已经容纳不下了，杨海泉缺乏必要的资金去扩建。

沉重的经济负担使杨海泉喘不过气来。

眼看就要坚持不下去了，杨海泉只好含泪操刀宰杀部分基本达到出售规格的鳄鱼卖掉以换取资金。就这样一面饲养一面宰杀，经过3年的时间才基本解决了经济危机问题，慢慢地经济上有了一定盈余。

为了提高鳄鱼的价值，杨海泉购买了屠宰设备，钻研独有的宰杀技术。当时，泰国的鳄鱼产品都是由捕杀鳄鱼的人在捕捉的时候宰杀的，设备很简单，加工很粗糙，鳄鱼皮的质量不高。杨海泉之所以这样做，就是希望生产出世界一流的产品。

杨海泉的这种举动是属于十拿九稳的，所以，很快他就生产出了高质量的鳄鱼皮产品。"海泉鳄鱼皮"很快就得到了消费者的青睐，售价比一般的鳄鱼皮产品高出了许多。

凭借着"海泉鳄鱼皮"的名牌优势，杨海泉很快就占领了先机，成立了一家"友商贸易行"，包揽了鳄鱼皮的生产出口业务，生意做到了国外。杨海泉善于经营，讲求信用，名声越来越大，越来越好，生意当然就更加红火，实力也更加雄厚了。

到了20世纪70年代初，杨海泉的"北榄鳄湖"已经是举世瞩目的最大规模的人工养鳄湖了，率先进入了专业化养鳄的行业。

1971年3月，在美国的纽约召开了世界保护鳄鱼大会，有10个国家和地区的专家参加会议，杨海泉作为泰国的唯一代表出席了这次大会。他就像一个技术权威一样，在大会上慷慨陈词，向世界顶尖级专家讲授他的养鳄经验，还讲述了泰国近50年来养鳄的情况，引起了大家的浓厚兴趣。

他很自豪地宣布："在我的养鳄池里饲养着15000头大大小小的鳄鱼！"

1973年，国际保护鳄鱼大会在泰国曼谷举行，会场就是杨海泉的"北榄鳄湖"，这是对杨海泉的事业的高度评价，是宣传杨海泉先进经验的绝好机会。

就是他这样一个穷人的孩子，几乎没有上过什么正规的学堂，现在居然走进了世界最权威的鳄鱼专家的行列，创造了一个神奇的"鳄鱼王国"，成为了泰国的巨富。

泰国人对杨海泉的成就大加赞颂，有一本杂志这样写道："杨海泉的事业成就充分表现出了泰国人民的伟大创造精神！"

杨海泉的可贵之处就在于不"满足"，他知道，要保持世界唯一最大的人工养鳄湖的美誉，还必须做出更大的努力，还必须不断前进……

从杨海泉的成功中可以发现成功的一个方法：走冷门，烧冷灶，大胆创意，勇于坚持……

23. 人弃我取，也能创造奇迹

人争我弃，人弃我取，是一种特殊的战术战略，可用于军事上，亦可用于商战中，皆能收到意想不到的效果。

被誉为"上海滩奇迹之王"的周云光以善于抓住不是机会的机会来创

造奇迹而闻名于旧上海。如果说旧上海是冒险家的乐园，那么周云光就是这乐园中最为风光的人物之一。

周云光的银行是在非常险恶动荡的环境中建立的。当时的上海租界内外，外国银行林立，美国的花旗、汇兴，法国的东方汇理，英国的汇丰、麦加利，日本的三井、住友、三菱，比利时的化比、中法实业，德国的德华，俄国的道胜，荷兰的安达等银行，都是实力异常雄厚的金融财团。外资银行依靠强劲的实力，根本看不起中国的银行，周云光的上海银行更是没有被他们放在眼中。不少人都认为上海银行的倒闭是迟早的事情。

开办伊始，周云光经常能听到一些嘲笑说："中国的银行是不可能办好的。"而当时，国内金融市场的竞争也日趋激烈。远的不说，仅上海就涌现出了诸如齐丰、同康、源康、庆富等实力超群的大钱庄，它们不仅具有票据交换机构，可以依此制定拆息，银行间的票据交换必须要托钱庄来办理。而且，几大银行之间也达成了默契，相互间都有不成文的君子协定。

实际上，在复杂交错的金融市场上，钱庄俨然以仅次于外资银行的老二自居。华资商业银行，实际上是在外资银行和钱庄的夹缝中讨饭吃。周云光明白上海银行既无强大的政治势力，又无雄厚的经济基础。因此，对于这家"小小银行"来说，首要的任务是站稳脚跟；而要想站稳脚跟，必须从服务质量和内部经营上下工夫。周云光知道这才是银行生命的源泉。

善于观察的周云光在长期的实践中发现，外资银行和钱庄注重吸纳大户存款，而对小额存款颇为轻视，所以，他就以此为突破口，特别看重小额存款，把它作为上海银行能否成功的关键。他十分强调"服务社会"，主张"人争近利，我图远功，人厌细微，我宁繁琐"的经营方针。

正因如此，他经营的上海银行特别标出"储蓄"字样，非常明显地表示该行"以提倡储蓄发展商业为本"。为了吸引小额存款，周云光别出心裁首先提出"一元开户"，也就是说只要有一元钱，就可以在上海银行开户。"一元开户"是针对旧上海的广大市民阶层专门设立的，因此，在当时中国金融界是前所未闻的新鲜事，这件事在上海金融界一时引为笑谈，认为有失一个银行的身份。

甚至就连老百姓也难以相信，当时，有一个顾客听说后决定亲自去试一试，他拿上150元钱，要求办理150个户头的存折。上海银行当即满足了他的要求，很快为他开立了150个户头。消息传出，许多小有积蓄的人纷纷登门，一下子便打开了储蓄业务的局面。

由于符合广大消费者的心理和经济利益，"一元开户"很快受到城市中下层市民的普遍欢迎，那些低收入的教师、公职人员、家庭主妇、自由职业者以及部分小商人和手工业主，争先恐后，纷纷将平时劳动收入及个人所得存入上海银行。这项在创办初期遭到银行业同行们讥笑的创举，一时间大获成功，风靡整个上海滩。以至于后来竟被上海各大银行相仿效，就连像中国银行这样官办的国家银行也放下了面子，积极提倡这种业务。

"一元开户"的成功使周云光创造了一个神话，迅速成为人们街谈巷议的人物。人们由衷地佩服周云光的精明和眼光。在"一元开户"打开储蓄局面后，周云光并没有满足，他又乘胜追击，采取了上门服务的办法，亲自率领银行员工到各大专院校开办学生储蓄、教育储蓄。

由于上海银行登门服务，手续简便，态度热情，深受广大师生欢迎。周云光进而在一些重点院校设立固定营业机构，为学校代发教职工薪金，促进了储蓄业务的拓展。接着，周云光乘胜追击，又想出在工人居住区开办职工储蓄这一高招，同时他还在市民中办理定活两便、零存整取、礼券储蓄、存本取息等各种新型储蓄。这些方便顾客的措施在上海滩无疑是空前的，在当时极富开创性。周云光不畏艰险，敢拼敢闯，在中国金融史上导演了一幕幕令人回味无穷的经营神话。

能在作为冒险家的乐园——旧上海的金融界独领风骚，周云光自有一份过人的能力，除了个人的奋斗，除了机遇的惠赐，周云光还以令人折服的个人魅力，在各种势力之间巧妙周旋。因为旧上海的金融市场是当时时政的畸形产物，是极不规范的。要想成功就要付出比在其他地方更多的心血，还要洞悉具体的国情，两者兼具方能争取机会。机遇来之不易，尤其是在逆境中，它需要人们以双倍的努力去发掘，即使头破血流也在所不惜。周云光的成功就是一个鲜活的佐证。

24. 不放弃，小甲虫也能撼大树

实现远大的理想，要徐徐下手，久久见功，默默留意。

有这样一个故事：在美国科罗拉多州长山的山坡上，躺着一棵大树的残躯。自然学家告诉我们，它曾经有过400多年的历史。在它漫长的生命里，曾被闪电击中过14次，无数次暴风骤雨侵袭过它，都未能让它倒下。但在最后，一小队甲虫的攻击使它永远也站不起来了。那些甲虫从根部向里咬，渐渐伤了树的元气。虽然它们很小，却是持续不断地进攻。这样一个森林中的巨木，闪电不曾将它击倒，狂风暴雨不曾将它动摇，却因一小队用大拇指和食指就能捏死的小甲虫而倒了下来。

这是卡耐基引述别人讲过的一个故事，他是要说明常常为小事烦恼，会损坏人的身心健康。而从这个故事，大家还可以发现另一个人生的哲理，这就是明朝人吕坤讲的：要想完成艰巨的任务（撼动庞然大物、摧毁坚固的东西），要慢慢地下手，长久地显出功效，默默地用心。如果挽袖子使猛力（想一下子成功），一开始自己就失败了。

你看，面对那棵科罗拉多州的大树，闪电不可谓不凶，狂风不可谓不猛，暴雨不可谓不疾，但都缺乏持久性，结果大树依然不倒。再看那不起眼的小甲虫，"徐徐下手，久久见功，默默留意"，终于靠锲而不舍的韧劲创造了"撼大摧坚"的奇迹。

生活中，每个人都可能会面对"撼大摧坚"的艰巨任务，运动员要向世界纪录挑战，科学家要解开大自然的奥秘，企业家要跻身世界强者的行列，就是一般人，也会有一些困难的工作要去做。比如要把一堆砖头从甲地搬到乙地，如何做？有人可能会一次搬100块砖，太急于求成了，刚一动手就闪了腰。而有的人一次只搬自己能搬动的十多块砖，持续地搬下去，再多的砖头也会搬完。

莎士比亚说："斧头虽小，但多次砍劈，终能将一棵坚硬的大树伐倒。"

还有一位作家说过："在任何力量与耐心的比赛中，把宝押在耐心上。"

小甲虫的取胜之道，就在持之以恒的耐心上。

一位青年问著名的小提琴家格拉迪尼："你用了多长时间学琴？"格拉迪尼回答："20年，每天12小时。"

也有人问基督教长老会著名牧师利曼·比彻，他为那篇关于"神的政府"的著名布道词，准备了多长时间？牧师回答："大约40年。"

现在有一种流行病，就是浮躁。许多人总想"一夜成名"，"一夜暴富"。他们有如吕坤讲的那种"攘臂极力"的人，不去做扎扎实实的长期努力，而是想靠侥幸一举成功。比如投资赚钱，不是先从小生意做起，慢慢积累资金和经验，再把生意做大，而是如赌徒一般，借钱做大投资、大生意，结果往往惨败。网络经济一度充满了泡沫。有人并没有认真研究市场，也没有认真考虑它的巨大风险性，只觉得这是一个发财成名的"大馅饼"，一口吞下去，最后没撑多久，草草倒闭，白白"烧"掉了许多钞票。

现在当影视明星，做电视节目主持人成为许多青年男女的梦想。每年广播学院、戏剧学院、电影学院招生，都会吸引来成百上千的"俊男靓女"。他们中不少人只看到了明星的风光无限，没有看到他们成功背后所付出的辛劳与努力，以为靠着漂亮的脸蛋就能成为第二个赵薇、章子怡。他们忘了，要成为一个真正的"明星"，是"撼大摧坚"的功夫，所谓"台上1分钟，台下10年功"，需要"徐徐下手，久久见功，默默留意"。

北影的一位老师曾评价说："很多孩子外形条件很好，可是文化素养太差。"美丽的花儿不是一夜间开放的。这些年轻人应该听听大发明家爱迪生是如何说的：

"我从来不做投机取巧的事情。我的发明除了照相术，也没有一项是由于幸运之神的光顾。一旦我下定决心，知道我应该往哪个方向努力，我就会勇往直前，一遍一遍地试验，直到产生最终的结果。"

俗话说得好：滚石不生苔。坚持不懈的乌龟能快过灵巧敏捷的兔子。凡事不能持之以恒，正是很多人最后失败的根源。英国诗人布朗宁写道：

实事求是的人要找一件小事做，找到事情就去做。

空腹高心的人要找一件大事做，没有找到则身已故。

实事求是的人做了一件又一件，不久就做一百件。

空腹高心的人一下要做百万件，结果一件也未实现。

要想"久久见功"，就要同自己的惰性作斗争。有时要强迫自己一件一件地去做，并从最困难的事先做。有一个美国作家在编辑《西方名作》一书时，应约要撰写102篇文章。这项工作花了他两年半的时间。加上其他一些工作，他每周都要干整整七天。他没有先拣最容易阐述的文章入手，而是给自己定下一个规矩：严格地按照字母顺序进行，绝不允许跳过任何一个自感费解的观点。另外，他始终坚持每一天都首先完成困难较大的工作，再干其他的事。事实证明，这样做是行之有效的。

吕坤讲"撼大摧坚"，除了要"久久见功"即有耐力有恒心外，还讲到要"徐徐下手"，就是说面对要完成的工作，不能不问三七二十一，上来就做。要在着手做之前，先周密思考，找好下手的地方，确定完成的方法。如小甲虫进攻大树，就是从根部开始下手的。再如庖丁解牛，要摸清牛的筋骨脉络、身体构造，才好下刀，游刃有余。三国时代，刘备要打天下，如此"撼天摧坚"的功业要想完成，光凭一腔热血，与关羽、张飞一道勇猛冲杀是不行的。于是便有了"三顾茅庐"，有了诸葛亮的"隆中对"，确定了"以蜀建国，三分天下"，最终再图统一的战略。战略已定，便不避挫折和失败，积小胜为大胜，终于在与强大敌手的争夺中，取得了三分天下有其一的成功。

完成艰巨的工作，需经历"久久见功"的过程。过程长，耗时也多，极容易产生疲惫和绝望。这种情况下就要"默默留心"，不是傻干，而是寻找比较聪明的办法，把艰苦的长过程"缩短"。

在田径比赛中，马拉松是最艰苦的比赛，他对运动员的速度、耐力、意志都是严峻的考验。而日本运动员山田本一却能轻松应对，在1984年的东京国际马拉松邀请赛和1986年的意大利国际马拉松邀请赛中，他均获得了冠军。他说，他是用智慧战胜对手的。他在自传中谈了他的取胜秘诀：每次比赛之前，他都要乘车把比赛的路线仔细看上一遍，并把沿途比较醒目的标志画下来。比如第一个标志是银行，第二个标志是一棵大树，第三个标志是一座红房子……这样一直画到赛程的终点。比赛开始后，他就以百米的速度奋力向第一个目标冲去；等到达第一个目标后，又以同样的速度冲向第二个目标。四十多公里的赛程，就被这样分解成几个小目标跑完了。山田本一说："起初，我并不懂这个道理，我把目标定在四十多公里外终点线上的那面旗帜上，结果我跑了十几公里就疲惫不堪了。我被前面那段遥远的路程给吓倒了。"

分段完成大目标，这就是山田本一"默默留心"得到的秘诀。

𝟸𝟻. 成功不分早晚，持之以恒则能过关

> 有当然，有自然，有偶然。君子尽其当然，听其自然，而不惑于偶然；小人泥于偶然，拂其自然，而弃其当然。

人人都想取得成功——学子想考上清华、北大或出国留学，老板想让

自家的产品占有更多的市场份额，中国足球想"冲出亚洲，走向世界"，科学家想在纳米技术上取得更大突破，网络公司老总想在纳斯达克上市，电影演员想捧得奥斯卡金像奖。

那么，成功的愿望怎么才能实现？先看两个寓言故事。

古代宋国有一个农夫，他非常想发财。他总觉得每日劳作，难以很快实现发财梦。这天，他干着干着就不想干了，一不高兴，就坐到树底下睡觉去了。也巧，恰有一只兔子，冒冒失失跑来，一头撞在树上，死了。农夫不费吹灰之力，得了一只兔子。他觉得自己找到既不劳作又能发财的方法了。这以后他就天天坐在树底下，等更多的兔子来撞树。守株待兔的成语就是这么来的。

另一个故事的主角也是个宋国的农夫。他在田里插好了秧，就盼着秧苗快快长大，好有一个大丰收。他性子太急了，每天都要去看看秧苗长高了没有。这天他干了一天活回来，非常疲劳。家人问他忙什么，他回答："我把秧苗都往高拔了拔，这样它们就可以长得快了。"这就是另一个成语"揠苗助长"的出处。

这两个人的做法在大家看来，自然是可笑的。但实际上有些人在追求成功时，也常会这样做，只是没意识到罢了。

明朝人吕坤说，事有当然，有自然，也有偶然。有见识的人做事，都是尽力按应该的做法，即"当然"去做。在做的过程中，要顺遂自然规律。而对于偶然发生的情况，不要被它迷惑，干扰自己做事。

而有些人却不是这样。如"守株待兔"中的那个人，偶然白捡个兔子，就死抱着"偶然"不放，放弃了原来"靠劳作致富"这个"当然"。结果呢，田荒了，兔子也没有再来。

"揠苗助长"里的那个人，犯了另一种错误。他虽然看起来也在努力实践"当然"，但他却违背了自然，结果也不妙，那些秧苗全死了。

可见，要想做成一件事，必须把握好"当然"、"自然"和"偶然"。

做事要遵循自然规律，这是不言而喻的。"强扭的瓜不甜""谋事在人，成事在天"，光有成功的愿望是不行的，比如打仗，自己力量太弱，非要跟强敌硬碰硬，非输不可，只能按客观规律办事，避敌锋芒，寻找敌人的弱肋出拳，慢慢积小胜为大胜。毛泽东在井冈山时的兵法就是"打得赢就打，打不赢就跑"。

26. 音符需要不停地寻求

人生的旅途上，有些人或许已经找到自己所要的那个音符，这可喜可贺，却也要继续努力；而那些仍在寻找的人更不必气馁，过程也许比结果来得重要。

演技派电影明星达斯廷·霍夫曼在"金球奖"的颁奖典礼上接受终身成就奖时，提到一个真实的小故事。有一次，他为《毕业生》那部电影做宣传，碰巧与音乐大师史达温斯基在同处接受访问。主持人问起史氏，那时是否是他一生当中最感到骄傲的时刻——新曲的首度公演？功成名就，掌声四起？史氏都一一加以否认。最后，他说："我坐在这里已经好几个小时了，这期间，我一直不断地在为我新曲中的一个音符绞尽脑汁，到底是'1'比较好？还是'3'？当我最后发现众里寻她千百度的那一个音符的一刹那，是我人生中最快乐、最骄傲的时刻！"霍夫曼说，他被大师感动得当场哭了起来。

如同伟大的作曲家、孜孜不息地寻找一个最能撼动他的音符，不管是从事何种行业的人，那最令人满足、安慰的时刻，的确是在自己"千山万水"、"柳暗花明"终于找到了目标的一瞬间。登山者攀越高峰，淌着血汗、一步一个脚印地爬上去，面对挑战，战胜挑战，达到顶峰，那一刻的心灵震撼，绝对是无可比拟的！

　　人生最大的骄傲，不在外来的掌声、名利或权势。掌声会停，名利、权势也不过是暂时的锦上添花、过眼云烟。倒不如试着学习认识自己的潜能，对自己的言行负责，并在设定方向之后，不畏艰辛，静心、努力、不懈地追寻，一旦真的找着了最能感动自己灵魂的"那一个音符"，必得人生极乐！

　　斯通非常赞赏霍夫曼的观点，他也举了这样一个例子：汤姆逊由于"那双笨拙的手"，在处理实验工具方面感到很烦恼，因此他的早年研究工作偏重于理论物理，较少涉及实验物理，并且他找了一位在做实验及处理实验故障方面有着惊人的能力的年轻助手，这样他就避免了自己的缺陷，努力发挥了自己的特长。珍妮·古多尔清楚地知道，她并没有过人的才智，但在研究野生动物方面，她有超人的毅力、浓厚的兴趣，而这正是干这一行所需要的。所以她没有去攻数学、物理学，而是进到非洲深林里考察黑猩猩，终于成了一个有成就的科学家。

　　要注意到这个事实：没有什么人用大盘子把成功送给了我们所谈到的任何获得了成功的人……每个人都是通过发挥他所发现的、他本身所固有的许多才能，而做到了这一点。

27. 坚持酿你的酒

　　"年轻人，要坚持做一件事情。坚持酿你的酒，你就会成为伦敦最伟大的酿酒师。但是，如果你既要酿酒，又要做贸易，还要当制造商，那么你最终将无所适从、一事无成。"一位成功的英国酿酒师对他的徒弟如是说。

　　《庄子》里有一个"佝偻丈人承蜩"的故事。故事说，一日，孔子在楚国林中见一位驼背老人手执长竿粘蝉，十分敏捷，如同捡拾一般。孔子便问他有何诀窍。老人说他粘蝉时，只想着、盯着蝉翅，其他都置于身外，所以才能如此快捷。孔子得到启发，教育弟子说："用志不分，乃凝于神，其佝偻丈人之谓乎？"（专心致志，聚精会神，是老人成功之所在。）

一位智者说，即使是最弱小的生命，一旦把全部精力集中到一个目标上也会有所成就。而最强大的生命如果把精力分散开来，最终也将一事无成。

明人赵世显说，再难的事，只要专心致志，即"有志"，就能做成，但如果"心分"，即三心二意，就会失败。再远的路，慢慢走下去，也能到达目的地，为什么要急于求成呢？

清人申居郧说，树枝一动，上面的所有叶子就会跟着乱动；心志一散漫，所有的思虑就都会变成妄想。

两位古人的话都意在说明，成就事业要专心致志、锲而不舍。不能见异思迁、一曝十寒，没有常性。

一个没有目标的水手是可怜的，因为他在海上是那么辛苦，却不知道要上哪儿去，他的生命就在错过一个个成功的口岸后渐渐消逝。

你可以长时间卖力工作，创意十足，聪明睿智，才华洋溢，屡有洞见，甚至好运连连——可是，如果你无法在创造过程中了解你自己想法的重要性，一切都会落空。

成功、财富以及繁荣的创造中，最重要的元素来自于你的内心——你的想法。如同詹姆斯·亚伦（James Alien）在《当人思考时》一书中提醒我们的："坚持着一串特殊的想法，不论是好是坏，都不可能不对性格和环境产生一些影响。人无法直接选择环境，可是他可以选择自己的想法，因此虽然间接却必然会塑造他的环境。"

为了创造外在的财富，你必须先有创造繁荣的念头。你必须看见自己成功的模样，成功地在心中规划出你的梦想和抱负。

我认识许多各行各业的成功人士，虽然他们各有不同的才华、气质、技能、职业道德和专业背景，但却有一个共同点。这条共同的特点就是，他们都觉得自己很成功。他们从未质疑过这个事实，他们无法了解为何有人会质疑自己的伟大程度。他们很难了解别人为何无法成功，因为对他们来说，成功的秘诀很简单：成功源自于心，再转换到物质世界。它不像许多人所相信的，是倒过来的。

成功人士知道，在人生中他们可以控制的一个层面就是他们自己的想法。我们都拥有这项优点，所以就让我们也从那里开始吧！

28. 与众不同，创造奇迹

凡事不要一味模仿，只要多动一下脑子，你的想法也会创造奇迹。

两个青年一同开山，一个把石块砸成石子运到路边，卖给建房的人；一个直接把石块运到码头，卖给杭州的花鸟商人。因为这儿的石头总是奇形怪状，他认为卖重量不如卖造型。3年后，他成为村上第一个盖起瓦房的人。

后来，不许开山，只许种树，于是这儿成了果园。每到秋天，漫山遍野的鸭梨招来八方客商，他们把堆积如山的梨子成筐成筐地运往北京和上海，然后再发往韩国和日本。因为这儿的梨，汁浓肉脆，纯正无比。

就在村上的人为鸭梨带来的小康日子欢呼雀跃时，曾卖过石头的那个果农卖掉果树，开始种柳树。因为他发现，来这儿的客商不愁挑不到好梨子，只愁买不到盛梨子的筐。5年后，他成为村里第一个在城里买房的人。

再后来，一条铁路从这儿贯穿南北，这儿的人上车后，可以北到北京，南抵九龙。小村对外开放，果农也由单一的卖果开始谈论果品加工及市场开发。就在一些人开始集资办厂的时候，还是那个村民，在他的地头砌了一垛3米高、百米长的墙。这垛墙面向铁路，背依翠柳，两旁是一望无际的万亩梨园。坐车经过这儿的人，在欣赏盛开的梨花时，会突然看到四个大字：可口可乐。据说这是五百里山川中唯一的一个广告，那垛墙的主人凭这垛墙，第一个走出了小村，因为他每年有4万元的额外收入。

20世纪80年代末，日本丰田公司亚洲区代表山田信一来华考察，当他坐火车路过这个小山村时，听到这个故事，他被主人公罕见的商业化头脑所震惊，当即决定下车寻找这个人。

当山田信一找到这个人的时候，他正在自己的店门口与对面的店主吵架，因为他店里的一套西装标价800元的时候，同样的西装对面标价750元，他标价750元的时候，对面就标价700元。一月下来，他仅批发出8套西装，而对面却批发出800套。

山田信一看到这种情形，非常失望，以为被讲故事的人欺骗了。当他弄清真相之后，立即决定以百万年薪聘请他，因为对面的那个店也是他的。

物质和知识的贫穷并不可怕，可怕的是想象力和创造力的贫穷，致富的捷径来源于想象力和创造力。必须有与众不同的想法，才能有与众不同的收获。

$\mathcal{29}.$ 不要怀疑自己的判断力

相信自己，勇于坚持，你的一切都会成为现实。

不知何时，派生出了这样的话：战胜自己就是最大的胜利；真正的认识自己，已经向成功迈进了一步；战胜自我就等于战胜了对手……其实这些话并不无道理，生活中我们会经常碰到这样的事，自己想在某一个地方开一家饭店，但总怕没生意，迟迟不敢行动。这时有一个人捷足先登开了起来，生意居然很火，你可能会很后悔，埋怨自己为什么不先做起来。类似的事会发生在每个人身上。痛定思痛，你有没有想过，是什么原因使我们有了这样那样的后悔？归根结低，恐怕是对自己的判断有怀疑。

希腊船王奥纳西斯1906年出生于土耳其西海岸的伊密尔，1922年全家避难到了希腊。

第一次世界大战之后的经济复苏阶段，很多人没有摸准市场的脉搏，拼命地扩大再生产。不久就出现了市场过剩，物价迅速下跌。很多人为了使自己的资金流动起来，特别是那些资金比较少的人，都纷纷将自己的产品降价销售。那些手里稍有积蓄的人，都在考虑买点儿什么不会赔钱的东西，以免自己手里的钞票贬值。在这种时期，善于经营之道的人却在研究干什么事情可以赚更多的钱。

奥纳西斯就是想赚更多的钱的人。他想，生产过剩、物价暴跌之后，经济必然再次繁荣，商品的价格一定回升，有的还会暴涨。毫无疑问，现在买进便宜的商品，到那个时候就会获得成倍的利润。

可是买什么呢？股票、房屋、黄金……

这些东西，他都不买，他买的是经济危机之中最不景气的海上运输工具——轮船。他是这样分析的：世界经济一旦复苏，运输必须先行，他投入的钱就会像植物一样疯长，利润就会源源不断地产生出来。有了这种认识，他马上把全部财产都抛了出去。

到哪里去买船呢？

在这场经济危机中，加拿大国营运输业几乎破产殆尽，最后不得不拍卖家业，其中正好有6艘货船，10年前的造价是200万美元，而现在每艘的价格却是2万美元。这个消息传到奥纳西斯的耳朵里，他差点跳了起来。急忙赶到加拿大买下了这6艘货轮。

在此后的几年内，经济危机愈演愈烈，当时就有很多人认为奥纳西斯干了一件蠢事，而现在却都认为他是疯子。可是奥纳西斯却整天笑眯眯的，对自己的决定充满了信心。

奥纳西斯的运气终于来了，但不是因为经济复苏，而是第二次世界大战爆发了。无论是欧洲战场还是亚洲战场，到处都需要美国的各种各样的物资。这时，谁有能力在太平洋、大西洋运输货物，谁就可以赚到大笔的钱。一时间，奥纳西斯的6艘货船成了6座浮动的金山……

第二次世界大战结束的时候，奥纳西斯已经成了拥有希腊"制海权"的商业巨头之一。话得说回来，如果不是战争，奥纳西斯发财的速度不会这样快，但是，只要世界经济复苏，他是一定会发财的。

对于每个人来说，发财都具有长久不败的诱惑力，那些不惜杀头坐牢挣钱的人就是最好的例子，更不用说"君子爱财取之有道"的挣钱方式了。奥纳西斯就是"取之有道"的爱财者之一。

第二次世界大战结束之后，世界经济开始复苏，奥纳西斯预见到，经济的发展必然刺激石油运费的猛涨，运输石油必然带来超额利润。他把牙一咬：投巨资建油轮！

在第二次世界大战以前，油轮的载重量是1万吨，而到了1960年，就发展到10万吨了。1975年，奥纳西斯拥有油轮达45艘，其中20万吨级以上的超级油轮就有20艘。这一艘艘大大小小的油轮，就像一台台造钱的机器，源源不断地为奥纳西斯制造出大量的财富。

1975年，奥纳西斯去世，享年69岁，他的资产高达十几亿美元，拥有一支世界上最大的私人船队，创办了好几家造船厂，买下了爱奥尼亚海岛上的斯斜紫奥斯岛，兼营着一百多家公司，在世界各地的大城市都有办事处，他的矿山、土地等财产，没有人说得清楚……

对于奥纳西斯的成功，很多人都归功于他惊人的魄力和精妙的思考力，认为他能够很好地适应他所遇到的每个人，和这些人友好地相处，因而得到了很多人的支持和鼓励。

他的好友——英国前首相丘吉尔与奥纳西斯是无话不说的朋友。奥纳西斯曾对丘吉尔说过：

"我是通过艰苦奋斗创下基业的，不是因为我有什么惊人的本领，而是一种'历史的必然性'。我们在实践中就可以明白这个道理。您知道，每当上天风调雨顺的时候，很多人就会饱食终日，无所用心，被动地接受大自然的恩赐，他们失去了主动权，他们失去了活力。这就好比中国的那句古话'生于忧患，死于安乐'。与此相反，我们如果处在艰难的困境之中，为了生存下去，就会不断努力。经过不断的奋斗，我们就不断地适应各种各样的环境，就会主动地去改变自己的环境，会花很大的力气去创造，去创业，去开拓新的领土。

说实话，我就是在贫穷中发奋图强，我就是在困境中不断前进的。我敢肯定，没有一个人会在轻轻松松中就可以取得胜利。

应该着重指出的是，我每时每刻都充满了信心，我从来不怀疑自己的选择。一个人只有突破自己对自己的限制，才能够充分展示自己的才能。

这就是死里逃生！"

据说丘吉尔听了这段话后极为赞赏，认为十分深刻。奥纳西斯没有怀疑自己的判断力，当然这是有一定原因的，原因就在他说的这段话中，如果细细地品味奥纳西斯的这段话，不难发现他的成功奥秘：胆略过人，认真思考，不言放弃。

30. 决不要放弃自己的灵感

有句古话时常在耳边：条条大道通罗马。这并不是要我们真的去罗马，而是告诉我们解决问题的方法有很多种。

有一位法国农学家奥瑞·帕尔曼特被德国人抓去做了俘虏。在集中营里，他曾经品尝过马铃薯，自认为其味甘美。后来获释回到法国后，他决定在自己的家乡种植马铃薯。

当时有不少的法国人都非常反对，尤其是那些宗教迷信者，把马铃薯视为"鬼苹果"，医生们也普遍认为马铃薯对人身体有害，连一些农学家也断言：种植马铃薯会导致土地贫瘠。

帕尔曼特怎么也说服不了他们。怎样才能使马铃薯顺利地推广起来呢？

1789年，帕尔曼特得到国王的特别许可，在一块非常低产的地方栽种了马铃薯。

春去秋来，快到马铃薯成熟时，帕尔曼特向国王请求，派一支身穿仪仗队服的国王卫队来看守这片马铃薯，当然是白天看守，晚上就撤回去了。这样一来，马铃薯成了国王卫队保卫的"禁果"。对此人们感到奇怪，而且经不起诱惑，每天晚上都有人悄悄跑来，偷挖这些"禁果"。大家尝到马铃薯的美味后，又偷出一些"禁果"把它移植在自己的菜园里。

于是，马铃薯便在法国推广开来。

法国著名女高音歌唱家玛·迪梅普莱，有一座非常漂亮的园林，山清水秀，林木葱郁，流水潺潺，鸟鸣啾啾，好一派迷人景象。

为此，引来不少人到这里度周末、采鲜花、采蘑菇、捉蟋蟀、观月亮、数星星，有的甚至燃起篝火，一边野餐一边唱歌跳舞，余兴未尽者，干脆搭起帐篷，彻夜狂欢。因此，常常把园林搞得一片狼藉，肮脏不堪。

束手无策的老管家，只得按迪梅普莱的指令，在园林的四周围搭起篱笆，竖起"私家园林，禁止入内"的警示牌，并派人在园林的大门处严加看守，结果仍然无济于事，许多人依然通过各种途径用极其隐蔽的方式潜进去，令人防不胜防。后来管家只得再行请示，请主人另想良策。

迪梅普莱思忖良久，猛地想起，园林中不是经常有毒蛇出没吗？直接禁止游人入内不见成效，何不利用毒蛇做篇文章呢？她叫管家雇人做了一些大大的木牌立在园林的显眼处，上面醒目地写明："请注意！你如果在林中被毒蛇咬伤，最近的医院距此15公里，驾车需半小时。"

从此以后，再闯入她园林的人便寥寥无几了。

从上面两个实例中我们可以看出，帕尔曼特推广马铃薯的种植也好，迪梅普莱禁止游人进入她的园林也好，"常规性的措施"已完全不起作用，只有采取借助其他因素，迂回曲折地走一下弯路，再用巧妙的办法解决问题。

对于非常强大的敌人或障碍，如果我们没有必要的条件和充足的力量去打垮它，只是一味地直线前进，盲目蛮干，那是一勇之夫所为，轻则徒劳无功，重则头破血流，丢盔卸甲，甚至惨败。

反过来我们动动脑筋，变换一下思路，不去向强敌直接挑战，不去触动和攻击障碍本身，而是采取避实击虚，避重就轻的迂回方式，先去解决与它发生密切关系的其他因素，最后使它不攻自破或不堪一击，这样令"樯橹灰飞烟灭"，比起硬碰硬的真打实敲，岂不更加有效？

对于问题，根据具体情况做具体的分析研究，该勇往直前的就义无反顾地冲上去，但面临一些在当时情况下，我们无条件、无力量解决的问题时，我们可以理智地避其锋芒，"绕道而行"，不争一时之气。取得最终的胜利才是根本，笑到最后的才是真正成功的。

31. 人无远虑，必有近忧

成功者并不是用了什么特殊手段，只不过是他们比常人多想一点点，可是就这一点足以使前者功名尽占，后者则终生潦倒。这听起来有点玄，其实细想想，并不过分。因为成功者用的并不是见不得人的手段，有时他们只不过比别人多用了脑瓜子，根据市场不断选择调整的方向。

我们说商品是市场的硬件，凡能够站得住脚的商品都有一个共性，那就是满足了人的需要。商品与需要之间存在两种关系：一方面，市场需要可以引导经营者生产出新商品，也就是说，需求决定商品；另一方面，一些具有超前性的商品往往又能够引发新需求，商品引导需求，这一点只有少数卓越的企业家才能发现其中的商业机遇。

"小霸王"学习机的前身是单纯的游戏机，它的诞生其实是缘于一场危机和挑战，最令人叹服的地方就是在于其经营者紧紧抓住这一契机，趋利避害，把挑战转化为机遇，把机遇转化为现实生产力，利用新产品创造新需要。整个过程闪烁着段永平的经营智慧。

段永平是"小霸王"的厂长，该厂前身叫中山市日华电子厂，1989年由段永平接手，由生产大型游戏机转向生产家用电视游戏机，一下子使该厂起死回生；又是他给游戏机命名为"小霸王"，创出一个响当当的名牌；还是他创造性地第一个使用了"有声商标"，"小霸王其乐无穷"的独特声音从此回荡在消费者耳边。

1993年，段永平和"小霸王"游戏机面临着一次严峻的挑战。段永平注意到，报纸上开始出现游戏机对少年儿童有副作用的评述：容易上瘾，长时间精力集中造成视力减弱……有的家长开始投书报社诉苦，说自己的孩子因为沉湎于玩游戏机而学习成绩下降……

人无远虑，必有近忧。这一市场反馈信息给段永平敲响了警钟，引起他的思考。最后他决定，产品必须趋利避害，必须更新一种新产品来满足消费者的需要。

时不我待，段永平立即从全国各地招聘来数百名电子机械、计算机专业人才，成立产品开发部，加班加点研制新产品。1993年5月，第一台小霸王电脑学习机问世，第一代产品的型号是SB218。

学习机的原理与游戏机一样，但增加了一个计算机键盘和一个电脑学习卡。"小霸王"当年仅花了20万元就买下了王永民的"五笔字型"汉字输入法，装在新学习机上。

小霸王真正算是彻头彻尾"改头换面"、"重新做人"了。学习机拥有以下功能：键盘练习、打字游戏、音乐欣赏、中英文编辑、BASIC语言。家长们的后顾之忧被解除了。

小霸王学习机的口号是：包你3天会打字。

小霸王学习机投入市场正逢其时，赶上了中国各界学电脑的热潮，从而使它走出一条超常规发展的道路：1992年产值1亿元人民币，1993年达到2亿元，1994年产值4亿元，1995年产值达到8亿元人民币，产值犹如变戏法似的成倍增长。

一场挑战变成一个机遇，一个机遇变成一种巨大的生产力，此中关键在于瞄准需求开发新产品，以新产品创造新需求。市场的竞争法则就是这样，物竞天择，适者生存。如果段永平不为市场反馈的信息所动，固守游戏机市场不动，恐怕到现在已被淘汰出局了。

32. 路，在于你坚持去走

在日常生活中看似有好多不合乎情理的地方，但不要不经意就放弃，往往这里面隐藏着的奥秘正是你所需要的。

这是一个大学生"求职"的经历，他这样说：

2001年毕业前夕，我四处投递求职信，为寻找工作，留在这个我已经寒窗苦读七年的大城市。

一天，一个大公司电话通知我次回去面试，地点设在一家大宾馆。

第二天，我提前30分钟到了这家大宾馆。此时宾馆前已经聚集了几十个前来面试的求职者。他们都被告知，保安没有接到公司的通知，不能随便进去。我心想：公司没有通知？这样大的公司恐怕不会开这样的玩笑吧！是不是事出有因？

我思考片刻就若无其事地向宾馆的大门口走去，两个保安立即拦住不让我进去。

我说："我不是来面试的，是来找你们经理的，我是他的朋友，已经打电话预约过了，不信你就打电话问问。"

保安没有再说什么，很客气地让我进了大门。来到电梯间时，有几个跟我一样的应试者正在那里等着，说是电梯坏了，正在修理。我想，他们可能也像我一样，是"混"进来的！这下，我更坚定了信心，明白了是怎么回事：这一定是招聘单位设的"路障"！

我没有加入等候的行列，转身就沿着楼梯朝15楼跑去。当我气喘吁吁地走进1508房间时，该公司的几个主考官早已等候在那里了。

进去之后，我进行了自我介绍。

考官说："你已经被录取了。"

我感到有些突然。

负责的考官说："既然你已经来到这里，说明你已经完全合格了。"

看来考题不都是印在"试卷"上的，而是印在参加考试的路途上的。这位小伙子灵机一动，战败了很多竞争者，取得了人生道路上的一次胜利。

33. 成功往往源于再坚持一下

在你的成功之旅中，坚持不懈往往发挥着重要的作用，不轻言放弃也许是你人生成功的第一步。

有一年的中考作文题是一组漫画：一个人挖井找水，挖了几口井，都没挖到有水的深度就放弃了，而且有一口井只差几锹就可见水了，但他没有坚持下去。其结果呢：这个人没有找到水，只得悻悻离去。考生们据画写作文，可批评"浅尝辄止"的不良学风，可讲"不讲科学，盲目打井"的教训，也可检讨"见异思迁，三心二意"的毛病。其实这里还有个寓言可谈，就是"成功往往在于再坚持一下的努力之中"。

在美国西部的"淘金热"中，有一个人挖到了一些金矿。他高兴极了，愈挖掘希望愈高，后来矿脉突然消失了。他继续挖掘，但努力仍归于失败。他决定放弃。他把机器便宜卖给一位老人后，便坐火车回家了。这位老人请了一位采矿工程师，在距原来停止开采的地下三尺处挖到了金矿。这位老人从别人放弃的地方开始，净赚了几百万美元，那个没有"再坚持一下"的老兄知道了这个结果，肯定会后悔的。

明人杨梦衮曾说："作之不止，可以胜天。止之不作，犹如画地。"这句话是什么意思呢？其实就是告诉世人坚持下去的道理：世上的事，只要不断努力去做，就能战胜一切，取得成功；但如果停下来不做，那就会和画饼充饥一样，永远达不到目的。

这是个浅显简单的道理，但我们在实际生活中，却常常忘了它。我们常常会有"为山九仞，功亏一篑"的遗憾。成功就距我们一步之遥，我们却在最后的关头放弃了努力，让胜利轻易地与我们擦肩而过，我们该是多么懊丧！

黛比是美国一个普通工人家庭的女孩。她13岁时就依照巧克力食品包装袋上的制作方法焙制甜饼。结婚后不久，她便想开一家甜饼专卖店。她拜访了许多精明能干的老板，询问他们的建议。但他们的意见如出一辙，他们说："放弃这念头吧，人们的嘴巴已经被甜饼塞满啦！"她丈夫倒很支持她，但他也担心会失败。黛比还是坚持在1997年8月开张了她的"菲尔兹太太甜饼店"。第一天，她在店里站了一上午，但一个甜饼也没卖出去。她丈夫曾和她打赌，认为她这天下来，绝对赚不到50美元。看来她是输定了。

但永不放弃的决心使她坚持了下来。站在店里等不到顾客，她便将一叠甜饼放在托盘上，在大街上来回奔走，免费赠送。甜饼免费送完了，黛比便回到店里，继续烘烤甜饼。而这时开始有顾客上门了。她认出这些顾客就是刚才在街上免费吃甜饼的人。这天结束时，她点点钞票，足足赚了50美元。到1983年，菲尔兹甜饼店已有资产3000万美元，共有160分店，分布在美国17个州，以及香港、东京、新加坡、悉尼等地。

台湾企业家高清愿当初在经营台湾的统一超市时，连续亏损六年。但他并没有因此放弃，而是坚持走自己的路。终于在调整营业方针、市民消费能力提高之后，统一超市开始转亏为盈，如今他的企业稳居台湾商店业龙头地位。高清愿的故事告诉我们，往往是在最困难的时候，最需要"再坚持一下"，这是自己勇气和毅力的严峻考验。胆怯的人往往会退缩，而勇敢的人则会经受住考验，真是"山重水复疑无路，柳暗花明又一村"。而适时调整，等待时机，也是不可少的。

要想成功，就要"作之不止"，决不能半途而废。当然，方法、计划可以调整，但绝不要让失败的念头占据了上风。

"轻易放弃，总嫌太早。"记住这句话吧。越是在困难的时候，越要"再坚持一下"。有时，在顺境时，在目标未完全达到时，也要"再坚持一下"，不要因小小的成功就停步不前。

"再坚持一下"，是一种不达目的誓不罢休的精神，是一种对自己所从事的事业的坚定信念，也是高瞻远瞩的眼光和胸怀。它不是蛮干，不是赌徒的"孤注一掷"，而是在通观全局和预测未来后的明智抉择，它更是一种对人生充满希望的乐观态度。

在山崩地裂的大地震的灾难中，不幸的人们被埋在废墟下。没有食物，没有水，没有亮光，连空气也那么少。一天，两天，三天……还有希望生还吗？有的人丧失了信心，他们很快虚弱下去，不幸地死去。而有些人却不放弃生的希望，坚信外面的人一定会找到自己，救自己出去。他们坚持着，哪怕是在最后一刻……结果，他们创造了生命的奇迹，他们从死神的手中赢得了胜利。

34. 切忌朝三暮四

太轻易地放弃，就意味不善于选择。

好多年前，有个人要将一块木板钉在树上当搁板，贾金斯走过去，说要帮他一把。

那人说："你应该先把木板锯掉一部分再钉上去。"贾金斯找来锯子之后，还没有锯到两三下就撒手了，说要把锯子磨快些。

于是他又去找锉刀。接着又发现必须先在锉刀上安一个顺手的手柄。于是，他又去灌木丛中寻找小树，可砍树又得先磨快斧头。

磨快斧头需将磨石固定好，这又免不了要制作支撑磨石的木条。制作木条少不了木匠用的长凳，可这没有一套齐全的工具是不行的。于是，贾金斯到村里去找他所需要的工具，然而这一走，就再也不见他回来了。

后来人们发现，贾金斯无论学什么都是半途而废。他曾经废寝忘食地攻读法语，但要真正掌握法语，必须首先对古法语有透彻的了解，而没有对拉丁语的全面掌握和理解，要想学好古法语是绝不可能的。贾金斯进而发现，掌握拉丁语的唯一途径是学习梵文，因此便一头扑进梵文的学习之中，可这就更加旷日费时了。

贾金斯从未获得过什么学位，他所受过的教育也始终没有用武之地。但他的先辈为他留下了一些本钱。他拿出10万美元投资办一家煤气厂，可造煤气所需的煤炭价钱昂贵，这使他大为亏本。于是，他以9万美元的售价把煤气厂转让出去，开办起煤矿来。可他又不走运，因为采矿机械的耗资大得吓人。因此，贾金斯把在矿里拥有的股份变卖成8万美元，转入了煤矿机器制造业。从那以后，他便像一个内行的滑冰者，在有关的各种工业部门中滑进滑出，没完没了。

他恋爱过好几次，可是每一次都毫无结果。他对一位姑娘一见钟情，十分坦率地向她表露了心迹。为使自己配得上她，他开始在精神品德方面陶冶自己。他去一所星期日学校上了一个半月的课，但不久便自动逃遁了。两年后，当他认为问心无愧、可以启齿求婚之日，那位姑娘早已嫁给了一个愚蠢的家伙。

不久他又如痴如醉地爱上了一位迷人的、有5个妹妹的姑娘。可是，当他上姑娘家时，却喜欢上了二妹。不久又迷上了更小的妹妹。到最后一个也没谈成功。

在实现目标的道路上，最忌讳的就是朝三暮四。

$35.$ 努力创造条件，积极地实现选择

不要去放弃你的选择，既然想走就要走出一条光明大道。

杰米先生是个普通的年轻人，大约二十几岁，有太太和小孩，收入并不多。

他们全家住在一间小公寓，夫妇两人都渴望有一套自己的新房子。他们希望有较大的活动空间、比较干净的环境、小孩有地方玩，同时也增添一份产业。

买房子的确很难，必须有钱支付分期付款的首付款才行。有一天，当他签写下个月的房租支票时，突然很不耐烦，因为房租跟新房子每月的分期付款差不多。

杰米跟太太说："下个礼拜我们就去买一套新房子，你看怎样？"

"你怎么突然想到这个？"她问，"开玩笑！我们哪有能力！可能连首付款都付不起！"

但是他已经下定决心：

"跟我们一样想买一套新房子的夫妇大约有几十万，其中只有一半能如愿以偿，一定是什么事情才使他们打消了这个念头。我们一定要想办法买一套房子。虽然我现在远不知道怎么凑钱，可是一定要想办法。"

没多久他们真地找到了一套两人都喜欢的房子，朴素大方又实用，首付款是1200美元。现在的问题是如何凑够1200美元。他知道无法从银行借到这笔钱，因为这样会妨害他的信用，使他无法获得一项关于销售款项的抵押借款。

可是皇天不负有心人，他突然有了一个灵感，为什么不直接找承包商谈谈，向他私人贷款呢？他真的这么做了。承包商起先很冷淡，由于他一再坚持，承包商终于同意了。他同意杰米把1200美元的借款按月交还100美元，利息另外计算。

现在他要做的是，每个月凑出100美元。夫妇两个想尽力法，一个月可以省下25美元，还有75美元要另外设法筹措。

这时杰米又想到另一个点子。第二天早上他直接跟老板解释这件事，他的老板也很高兴他要买房子了。

杰米说："T先生（就是老板），你看，为了买房子，我每个月要多赚75元才行。我知道，当你认为我值得加薪时一定会加，可是我现在很想多赚一点钱。公司的某些事情可能在周末做更好，你能不能答应我在周末加班呢？有没有这个可能呢？"

老板对于他的诚恳和雄心非常感动，真的找出许多事情让他在周末工作10小时，他们因此欢欢喜喜地搬进了新房子。

36. 把冷板凳当替补席

> 喝得浓茶，饮得淡酒，坐得冷凳，耐得寂寞，不言放弃，终有所成。

很久以前，一位日本青年进了一家大公司，做了一个小职员，在平凡的工作中他发现公司存在许多问题，便不断给上层管理者写信，并提出自己的建议。然而，他的信如石沉大海，没有一点回音。可他并没有放弃，只要发现问题，他照样写信，照样提出自己的建议……十年后的一天，终于有了回报，他被派到一个分公司任经理，他工作非常出色，后来他当了这家大公司的总经理，而这家大公司就是世界著名的佳能公司。

冷板凳有点像运动场上的替补席，对每个运动员都是一种考验，是你不顺教练的心，还是教练有意叫你养精蓄锐？

冷板凳都坐过了，还有什么好怕的呢？

一个贸易公司的男职员，在刚进公司时很受老板赏识，但不知怎的，在并没犯什么错误的状况下，他被"冷冻"了起来，整整一年，老板不召见他，也不给他重要的工作，从形同主管的地位变成和普通员工差不多。他忍气吞声地过了一年，老板终于又召见他，给他升了官，加了薪，同事们都说他把冷板凳坐热了。

能力再强、际遇再佳的人也不可能一辈子一帆风顺，如果你是为人做嫁衣，便有坐冷板凳、不受到重用的可能。为什么会坐冷板凳呢？有很多种原因。

• 本身能力不佳。在工作中只能做一些无关紧要的事，但也还没有到必须被开除的地步。

• 曾犯过重大错误。在社会上做事不比在学校当学生，学生犯错一般不会怎么样，在社会上做事一旦犯了错误，便会让你的上司和你的老板对你失去信心。因为他不可能再次用他的资本或职位来冒险，所以只好暂时把你冷冻起来。

• 老板或上司有意地考验。人要做大事不但要有面对挑战的勇气，面对繁杂的耐心，而且还要有身处孤寂的韧性。有时要培养一个人，除了让他做事之外，也要让他无事可做，一方面观察，一方面训练。这种考验事先不会让你知道，知道了就不算是考验啦。

• 人事斗争的影响。只要有人的地方就有斗争，就算是私人企业，老板也会受到员工斗争的影响。如果你不善斗争，那么就很有可能莫名其妙地失去原有的优势，坐起冷板凳来。

• 大环境有了变化。人说"时势造英雄"，很多人的崛起是由环境所造成的，因为他的个人条件适应当时的环境。可是当时过境迁，英雄便无用武之地，这时候你只好坐冷板凳了。

• 上司的个人好恶。这没什么道理好说，反正上司或老板突然不喜欢你了，于是你只好坐冷板凳了。

• 你冒犯了上司或老板。宽宏大量的人对你的冒犯无所谓，但人是感情动物，你在言语或行为上的冒犯如果惹恼了上司，你便有坐冷板凳的可能。

• 威胁到老板或上司。你能力如果太强，又不懂得收敛，让你的上司或老板失去安全感，那么你便会受到冷冻。老板怕你夺走商机去创业，上司怕你夺了他的位置，冷板凳不给你坐给谁坐？

坐冷板凳的原因还有很多，无法一一列举，而人一旦坐上冷板凳，一般都无法去仔细思考原因何在，只知道成天抱怨。其实，与其在冷板凳上自怨自艾或疑神疑鬼，还不如调整自己的心态，好好地把冷板凳坐热。这时候，你需要做的就是：

• 强化自己的能力。在不受重用的时候，正是你广泛收集、吸收各种情报，学习其他知识的最好时机，能力强化了，当时运一来，便可跃得更高，表现得更卓越！而在这段坐冷板凳的期间，别人也正好观察你，如果你自暴自弃，那么恐怕要坐到屁股结冰，而且一旦出现对你不好的评价，恐怕就无翻身的机会了。

• 以谦卑来建立良好的人际关系。人都有打落水狗的劣根性，你坐冷板凳，别人巴不得你永远不要站起来。所以要谦卑，广结善缘，不要提当年勇，因为所有的一切都已成为历史，对你现在是没有任何帮助的，而且"当年勇"也会使你坠入"怀才不遇"的情境中，自己徒增苦闷而已！

• 更加敬业，一刻也不疏忽。虽然你做的是小事，但也要一丝不苟地做给别人看！别忘了，很多人正冷眼旁观，打你的分数呢！

• 忍耐。忍闲气，忍嘲弄，忍寂寞，忍不甘，忍沮丧，忍黎明前的黑暗，忍虎落平阳被犬欺，忍一切的一切，忍给自己看，也忍给别人看。

能有以上的作为，相信你一定会把冷板凳坐热。不管你坐冷板凳的真正原因是什么，这都是训练自己耐性、磨炼自己心志的机会——冷板凳都坐过了，还有什么好怕的呢？此外，人都好锦上添花，当你把冷板凳坐热，你自然会得到很多赞美和掌声，成为人人敬佩的勇者；如果坐不住冷板凳，那么你就会被人看轻——除非你毅然换工作！

37. 要三思"跳槽"

"跳槽"这个词近几年在我国特别得宠，许多年轻人都把"跳槽"挂在嘴边，只要别的单位的待遇比现在的好，就立马"跳槽"。其实，"跳槽"的风险也很大，若无大决心、大魄力，最好不要轻率为之。三思而后行，树立慎重的择业观。

很多人的第一个工作是在匆忙之中选定的，为了生活，一时顾不了那么多。这个工作一日一日地做下去，几年过去了，人混熟了，经验也有了。有的人从此安安分分地上他的班，以求生活稳定；有的人为了寻求较好的待遇和工作环境，运用已经学到的经验，自己创业当老板；有的人则转行，到别的行业中试试运气。

"跳槽"的想法百分之九十以上的人都有过，光是想当然没什么关系，如果不只是想，还真的要跳，那么我劝你还是要三思而后行。

我并不是说"跳槽"的人必定失败，天底下没有这么绝对的事，而事实上，"跳槽"后更发达的人也不少；但话说回来，"跳槽"后成就不如老本行的人也很多。这些人有的还不死心地期待"明天会更好"，有的则早已向后转，回到老本行去了。从事和本行毫无关系的行业，等于是把过去所累积的专业经验全部丢掉，那不是很可惜吗？而且在新的行业里，你又要花很多时间重头学起，这种时间和精神上的浪费相当惊人，何况还不一定学得好。

话虽这么说，但并没有让你委屈自己老死本行的意思，但"跳槽"的风险毕竟太大，若无大的决心和把握最好不要轻易去冒这个险，尤其不能听别人说那个行业如何的好，就嫌弃起自己的本行，心动又行动。这种哪边好哪边跑的心态会让你一辈子都在"跳槽"，一辈子不得安宁。

我的建议是：要"跳槽"，不如从老本行出发，看看与其有关的行业有哪些，等了解清楚了再跳也不迟，这样可少花很多力气。另外要从本行的经营形态来考虑，例如不喜欢"生产"，那么可改做"批发"或"零售"，这样的话，虽然形态改变，但并没有损害你对该行业的认识与累积的基础。

有一句话说"常移植的树长不大"，说的正是"跳槽"这件事。再怎么说，生活还是很重要的，不是吗？！

38. 男怕入错行

与其"跳"个好工作，还不如当初认真选个好工作。

有一句话说"男怕入错行，女怕嫁错郎"，真有这么严重吗？

在古代，"嫁错郎"似乎比"入错行"更严重，因为女人嫁错了人又不能离婚，而"入错行"若是改行则不会有道德和社会规范的顾虑。不过现代社会恐怕是倒过来了，女人"嫁错郎"大不了离婚，追求第二春甚至第三春的女人多得很；而男人"入错行"，虽然可以转行，但是真要做起来并不那么容易。

报载，有一位大学毕业生，他的工作很令人感到意外，是一果菜公司的搬运工人。他说他当年从学校毕业，一时找不到工作，便经人介绍到果菜公司当临时工，赚点零用钱。没想到工作一段时间后，因为已习惯了那个工作和周围的环境，也就没有积极去找别的工作，于是一做便是十几年，现在年近四十，也不想换工作了。他说："换工作，谁会要我呢？我又有哪些专长可以让人用我呢？"现在，他还继续在果菜公司当搬运工人。

对这个例子，也许有人会说，转行有什么难？说转就转啊！

也许你是可以说转就转的人，但恐怕绝大部分的人都做不到。因为一个工作做久了，习惯了，加上年纪大了些，有了家庭负担，便会失去转行面对新行业的勇气，因为转行要从头开始，怕影响到自己的生活；另外，也有人心志已经磨损，只好做一天算一天；有时还会扯上人情的牵绊、恩怨的纠葛。种种复杂的原因，让你有"人在江湖，身不由己"的感觉。

其实行行出状元，并没有哪个行业最好，哪个行业最好，那为何又提醒人们"千万别入错行"呢？

我是提醒你，找工作要睁亮眼，找适合你的工作，找你喜欢的工作，找有发展前途的工作，千万别因一时无业，怕人耻笑而勉强去做自己根本不喜欢的工作。人总是有惰性的，不喜欢的工作做上几个月，一旦习惯了，就会被惰性套牵，不想再换工作了，继而三五年过去了，那时要再转行，就更不容易了。

另外一点是，千万别涉入非法行业，这种行业有可能让你致富，但事实上是在刀刃上行走，警察的追缉、法律的制裁、同行的火并、陷害，也要被人看不起。浪子回头金不换，但谈何容易，大部分的人都因为黑饭吃惯了，最后还是回到本行……

不过如果你若真的"入错行"，也有心转行，那么就要铁了心，毅然决然地转行，否则岁月是不饶人的呀！

39. 不满足才能不放弃

容易满足的人容易放弃，放弃更好的生活，更大的目标……

我有个大学同学，毕业后去了上海，找了个好工作，又娶了位好太太，生活得很好。有一次我到上海出差顺便去看他，他带我到锦江饭店去用餐。他虽不缺钱，但也没到可以随便去锦江饭店用餐的能力。所以，我对他说："都是老同学了，随便找个地方吃点算了。"他看出了我的意思，便说道："我不是打肿脸充胖子，到这地方来对你对我都有好处。"我不解地问："为什么？"他说："你只有到这地方来，才知道自己包里的钱少，才知道什么是有钱人来的地方，才会努力改变自己的现状。如果你总去小吃店，就永远也不会有这种想法。我相信只要努力，总有一天我会成为这里的常客。"听了他的话我深有感触，他的话不一定对，但他那种不以现状为满足的生活态度却是值得学习的。

平凡的人之所以一无成就，就是因为他太容易满足而不求进取，一旦得到舒适安逸的位置，便混吃等死。这样，他一生只会盲目地工作，挣取勉强温饱的薪金，以静待死神的光临来结束自己的生命。他怕因为不满足而感到痛苦，所以竭力抑制自己的欲望，推卸自己的责任。

至于追求成功的人，那就绝不相同了。他会尽力寻求不满足的地方，以发现自己的缺点，并作为改进的方向，不文过饰非自炫己长，所以客观的态度是严格批评自己，不稍放纵，也不稍躲闪。

不满足，是进步的先决条件，唯有不自我满足的人才能不固步自封，才能在人生的旅途中找到成功之路。

美国某铁路公司总经理，年轻时在铁路沿线做三等列车上管理制动机的工人，周薪只有十二美元。有一位资深的工人对他说："你不要以为做了管制动机的工人便趾高气扬，我告诉你，起码要在四五年后，你才会升做车长呢！那时你还得小心翼翼，以免被开除，如此才可安度周薪一百元的一生。"可是他却冷冷地答道："你以为我做了车长，就满足了吗？我还准备做铁路公司的总经理呢。"

有些人心里常这样想："我现在的生活充满喜悦和满足，往后要怎么做才能维持目前的这种状态呢？"

这些人对现状心满意足，一心一意地想要继续维持下去。然而，"想要维持现状"这种观念是采取"守"的态度，终究会演变成消极的态度，而失去以前所拥有的积极性及前进的动力，成长便会停顿。

不要满足于现在的自己。容易满足的人也很容易轻易放弃一个更美好的人生。

40. 坚持到底

前进！坚持到底！实行你那具有八分把握的计划，永勿停留地前进，这才是使你达到成功的唯一途径。

第二次世界大战时期，美国有位海军上尉叫史密斯，他发现他的队长用来打靶的新方法很好，用来训练炮手一定能收到极好的效果，一定能节省不少炮弹。于是，他写了一封信申请上司采用，但他的上司对于这个意见毫不感兴趣，未予批准。没办法，他便又大着胆子写信给更高的长官，但他的提议仍被驳回。这样他依次申请上去直到海军部长，仍是到处碰壁，不得要领。最后，他索性冒着极大的危险，直接写信给老罗斯福总统了。

冒了极大的危险？是的，因为依当时的军法，一切下级军官的公文，均须申交直属的上级，然后由那位上级再依次转交上去。现在史密斯竟一炮轰到总统手里，其实他早已犯了严重的藐视上级罪了。

那么结果他怎样了？军法从事？送监坐牢？

都没有，罗斯福总统郑重地同意考虑这个意见。他立刻把那位上尉招来，给了他一个机会，当场试验他的意见对或不对。

他们在沿海某处圈定了一个目标，先令军舰上的炮手沿用老法开炮打靶，结果白白耗费了五个钟头的时间和大批的炮弹，却一次也没有击中；而采用新方法效果却截然不同，这就证明了史密斯的主张毫无错误。罗斯福因此对他大加赞赏。

史密斯对于他的意见有着充分的自信，碰壁而不退却，绝非追求名利之辈可比。如果当初他不能确定老法的落伍和新法的可靠，便冒昧地到处乱投书，那结果之糟，定将不堪设想。如果当初他不是遇挫折不灰心而坚持自己的正确主张，他也不会如愿以偿，获得圆满的结果。

总之，我们活着的最终意义，无非是要利用种种机会以实现理想。要实现你的理想，就非抱着试试看的决心不可，并要坚持到底。当然，没有人敢确定该怎样做一定不会失败，但也正因为我们知道事件成功的可能性，又不敢确定它一定成功，才能引起我们试试看的绝大兴趣来。

美国银行学权威简尼先生说："一个人如果老是在他的幻想中团团转，今天想这样做，明天想那样做，天天计算如果他怎样做，将会得到怎样的结果。但他就是不肯下定决心，抱着自信心着手进行，这样他不但永无出头的一天，而且一点成果也干不出来。常常听见有许多人说，他'当初'如果能实行了他的计划，'现在'早已获得怎样的成就了。这种人的唯一错处，就是他们缺乏实行的决心和勇敢。"

他又说："比如打靶，你何必一定要有打中红心的保证，再开枪射击呢？如果你自信眼力不错，你就尽管一枪射去好了，即使射在红心的边圈上，你还是有分数可得。我步入社会以来，每当晚上睡觉前，常常思考一些将来的计划。当我觉得了其中某项计划有成功的可能时，我就再反过来计算一下，万一失败，它将使我蒙受怎样的损失，如果这个损失不大，我便决定着手去做了。"

想上进的人，必须牢记两个要诀，就是谨慎和勇敢。

也许你会问："我应该在这两点中，更注意哪一点呢？"这可得问你自己了。如果你平日是一个血气旺盛，做事常抱"碰碰运气"的心理，喜欢盲目乱闯，丝毫不肯用脑的人，那你就得特别偏重于第一点——谨慎。尤其做任何事时，都必须多加一番思索，想想它的正面结果，再想想它的反面结果，觉得确有几分把握时，然后再着手进行，便可万无一失了。

反之，如果你是一个常常陷入幻想中，把计划设计得完美无缺，却仍不肯去实行的人，那你就得偏重第二点——勇敢。你得立刻站起来，立刻着手去干，而且非干出一点眉目来不可。

有了万全之策，即使被人劝阻，如果你认为那人的理由不成其为理由时，仍不妨大胆去干。怕什么？世界上的一切伟大的事业、伟大的战绩、伟大的发明、伟大的成就，不都是这样干出来的吗？！

41. 不妨先做小事，赚小钱

> 小事也能赚大钱，最关键的是要懂得选择，不要轻易放弃。

有人说北方人是小钱不爱赚，大钱赚不来；而南方人是什么钱都能赚，什么苦都能吃。所以，真正靠做生意发家的，南方人要比北方人多得多。"先做小事，先赚小钱"，这句话许多年轻人都不爱听，因为哪个年轻人不是雄心万丈，一踏入社会就想"做大事，赚大钱"呢？

立"做大事，赚大钱"的志向基本上是没错的，因为这个志向可以引导一个人不断向前奋进；但说老实话，社会上真能"做大事，赚大钱"的人并不多。而一踏入社会就能"做大事，赚大钱"的人也需要一些特别的条件——过人的才智，也就是说，是一块天生"做大事，赚大钱"的料子！或者是有着优越的家庭背景，譬如说家有庞大的产业或企业，或是有一个有权有势的家长，因为这样的父母，这样的背景，所以一踏入社会就可"做大事，赚大钱"。另外，还要有好的机运。有过人才智的人需要机运，有优越家庭背景的人也需要机运，才能真正"做大事，赚大钱"。

谈到这里，请读者好好想想：

你的才智如何？自认是"上等"、"中等"还是"下等"？别人对你的评价又如何？

你的家庭背景如何？有没有可能助你一臂之力？

对"机运"，你有信心抓住它吗？

不管你的回答如何，现实却是：很多大企业家都是从伙计干起，很多政治家都是从小职员当起，很多将军都是从小兵成长起来的。所以，当你的条件只是"普通"，又没有良好的家庭背景时，那么"先做小事，先赚小钱"绝对没错，你绝不能拿"机运"来赌，因为"机运"是看不到抓不到，难以预测的。

那么"先做小事，先赚小钱"有什么好处呢？

"先做小事，先赚小钱"最大的好处是可以在低风险的情况下积累工作经验，同时也可借此了解自己的能力。做小事既然得心应手，那么就可做大一点的事；赚小钱既然没问题，那么赚大钱就不会太难，何况小钱赚久了，也可累积成"大钱"。

此外，"先做小事，先赚小钱"还可培养自己诚实的做事态度和金钱观念，这对日后"做大事，赚大钱"以及一生都有莫大的助益。

千万别自大地认为自己是个"做大事，赚大钱"的人，而不屑于去做"小事"、赚"小钱"，要知道，连小事也做不好，连小钱也不愿意赚或赚不来的人，别人是不会相信你能做大事、赚大钱的。如果你抱着这种只想"做大事，赚大钱"的心态投资做生意，那么失败的可能性很高。

一家海鲜连锁餐厅的老板很可能当初是在水产品市场卖海鲜的，而一家皮鞋连锁店的老板当初可能是个擦鞋的。俗话说，万丈高楼平地起。基础是最重要的，小事做不好的人，大事肯定也做不好；小钱都赚不来的人，没有人相信他将来能成为一个有钱人。

42. "米老鼠"来源于执著

艺术来源于灵感，更来源于执著，浮躁是现代人的通病，是艺术家的大敌。真正的艺术品是艺术家长时间的积累成果。

　　四十几年前，华德·迪斯尼连维持自己的三餐都成问题，现在全世界的人几乎都深爱他所创造出来的卡通人物。

　　这位从前经常身无分文，如今却已成为大资产家、大企业家的华德·迪斯尼，将所赚到的钱又全部投注在事业上。他表示："与其每年继续赚上数百万元，不如制作更好的电影回馈给观众。"这种执著的精神委实令人钦佩。

　　迪斯尼原本是住在堪萨斯州的堪萨斯城，最初的心愿只是想当一名画家。某日，他到堪萨斯城的明星报社想找一份差事，他把自己的作品呈示给主编看，主编瞧了几眼便说："不行，你一点也没有绘画的才能嘛！"迪斯尼听毕，只好垂头丧气地离开。

　　不久，他终于找到一份工作，工作内容是装饰教会的绘画。但是，由于他的薪资过于微薄，根本无法租一个像样的工作室，所以，他只好将父亲的车库改装成自己的工作室。虽然那时的日子过得非常艰辛，但当迪斯尼日后回忆起那段日子时，更深深地体悟到，正是因为当初在那弥漫着汽油味和机油味的车库中工作，才激发了他的创作潜能，使他创造出风靡全世界的米老鼠。

　　有关米老鼠产生的过程，有一段极为有趣的故事：某日，一只老鼠在迪斯尼的工作室中跑来跑去，他于是放下手上的工作，一直盯着老鼠看，不久并拿些面包屑丢给老鼠吃。

　　日子一天天过去，逐渐地，那只老鼠竟与迪斯尼熟悉起来，而且终于爬上画板。后来，迪斯尼到好莱坞去谋求发展，他制作了一连串的卡通电影，例如"奥斯华幸运兔"等，但却全部失败。由于工作毫无进展，他变得身无分文。但他并没有灰心，没有放弃。有一天，当他正在寄宿的房间中思索自己的未来时，脑海中突然浮现出一个影像，那就是堪萨斯城车库内的那只老鼠。于是，迪斯尼立刻动手画出那只老鼠可爱的模样——这就是米老鼠诞生的由来。

目前，在好莱坞拥有最多影迷、收到最多信件的明星便是米老鼠。它已成为全世界家喻户晓的明星。

此后华德·迪斯尼每周必会到动物园去，以便研究各种动物的动作及叫声。

某次，他想起儿时母亲曾讲过一个"三只小猪与大野狼"的故事，他觉得很有趣，遂决定制作成彩色电影。然而，工作人员对此构想均持反对意见，虽经迪斯尼一再提出计划，工作伙伴们仍然反对，不得已只好暂停计划。

后来，经过迪斯尼再三的要求，终于与伙伴们达成共识，决定试试看。尽管如此，他们谁也不敢对这部电影抱有太大的期望。同时，他们觉得制作一部米老鼠的影片需要90个工作日，如果"三只小猪与大野狼"也得花费同样的时间，未免太浪费，所以大家决定以60个工作日来完成这部电影。

结果，这部电影刚一推出就马上赢得全美观众的热烈赞赏，并且创下了重映七次的记录，这在卡通电影史上可以说是史无前例、绝无仅有的。

"一切成功的秘诀即在于热爱自己的工作"——人生如果仅是为了追求财富，那么便失去其真正意义了。迪斯尼的成功，正是由于他对工作的执著所促成。

时常听见有些人哀叹自己时运不济，无论任何事都不能如愿。事实上，真正失败的原因是他做任何一件事，只要一遇挫折就半途而废。可是接手他那份工作的人，却因自己不断的努力，反而获得圆满的成功。由此我们可以明白地看到，并不是这个人运气差，只是因为他欠缺耐心，欠缺执著。

做任何事只要半途而废，那前面的辛苦就等于白费。唯有经得起风吹雨打及种种考验的人，才是最后的胜利者。因此，不到最后关头，绝不轻言放弃，要一直不断地努力下去，以求取最后的胜利。

43. 把梦想坚持到天空的人

坚持梦想是生命的源泉，失去它生命就会趋于枯萎。

莱特兄弟二人并未受过正统教育，就是读高中也是中途辍学。但二人所具备的东西，却远远超过拥有学士头衔的大学生。那就是他们丰富的创意与远大的志向。在接触飞行创作之前，他俩曾到郊外捡牛马骨头卖给肥料公司，或捡些废金属卖给废铁厂。之后他们也曾开设印刷厂印刷报纸，但全告失败。最后他们开了一间规模很小的自行车行，从事修理及贩卖零部件。

然而，无论做任何生意，两兄弟始终对飞翔在空中的梦无法忘怀。

不久，他们在自行车店里制作了风动试验场，开始实验机翼受风阻时的情形，此外，他们也常通过放风筝做实验。最后他们完成了一架比风筝更大的滑翔机，他们把滑翔机搬运到北卡罗来纳州的基尔德比丘陵。

经过数年滑翔机的不断试验后，莱特兄弟便将引擎装设在滑翔机上使其成为飞行机。1903年12月17日，是人类历史上值得纪念的一日，莱特兄弟二人商议，由掷铜板决定谁先坐上飞行机，结果由弟弟奥威利先上。当天天气十分阴暗寒冷，基尔德海岸一带吹着刺骨的寒风，半英里远的海边，浪涛汹涌拍打着海岸。莱特兄弟一行五人准备着飞行事宜，阴寒的天气使他们不得不以跳跃或拍打双手来驱寒。但不管气候多么严寒，奥威利也不能穿着大衣坐上飞行机，因为必须使飞行机载重的负荷减至最低。

上午10时35分，奥威利坐上已发出爆裂声的飞行机，他双腿伸直俯卧，并拉动引擎杆，飞行机顿时发出轰隆的巨响，起飞时排气管也发出怪声，直至它缓缓升高，在天空中摇摇晃晃，足足盘旋了20秒之久，才降落在100米以外的沙地上。

这就是人类最初设计的飞机，它的出现显然是人类飞行史上的一桩大事。而且人类自远古以来的飞行梦想也终于实现了！自此以后，人类的双脚终于可以离开地面，向着无垠的星空飞去。

兄弟二人终身贯彻独身主义，因为他们的父亲说过："妻子与飞行机之间，你们只能选择其一。"结果，莱特兄弟毅然选择了飞行机而放弃婚姻。由此可见，兄弟二人对飞行机的执著与热爱。

不久之前，我和朋友到韩国旅行，住在一家典雅朴素的旅馆中，因为旅馆的服务周到令人满意。于是在离开之前，我们特别和老板寒暄了几句。他是个温和有礼的韩国人，年有70却依然精力充沛，听说他已是十几家连锁店的老板了。

"一般人像您这样的年纪早该退休了；但您为什么还如此卖命，经营着这么多家旅馆呢？而您成功的原因又是什么呢？"我们问他。

"其实这只不过是我小时候的理想。从小我就希望将来能够开设一家具有高水准、高服务品质的旅馆，今天的成就也算是梦想成真吧！所以，首先是拥有梦想，再朝着梦想的方向努力，这样一定能成功。"

44. 三心二意，诸事不宜

一个人如果会三心二意的话，那确实是个超人了，但这样的人真是少之又少！

不知你是不是有过跟我一样的体验：不论是决定吃什么还是穿什么，许许多多生活上的琐事，总是犹豫再三，很难决定该怎么做。另外，总是会花很多的时间，在决定要看哪一部电影，或该买哪一双鞋，或是该买哪种沙拉酱而烦恼。

许多人多半会有因为逃避做某些困难的决定，而感到罪恶的体验，但是，这与无法做出一个简单决定的感觉，是全然不同的。做不出决定的原因，大抵可以归纳成以下几点：（1）保持着多做多错，少做少错，不做不错的心态，因此，内心极为矛盾，最后，还是决定等到所谓的"适当"时机再说。（2）坚信经过深思熟虑之后必有佳作，因此，总会习惯性地去收集资讯，直到觉得有足够的资讯来做一个最佳的决定为止。可惜的是，知识多半来自于经验，而经验却往往经不住考验。（3）认为石头到后面会越挑越大，因此，尽管已经有了很好的想法，却不愿就此善罢甘休，一定还要再想出更好的方案出来才行；三心二意的结果，造成了决策的延误。（4）必须在同一时间之内完成多项决策，希望面面俱到的结果，反倒是连一个决定都做不出来，或者是极易做出错误的决定。

如果我们是那种只要花五分钟，就可以做出是否要购车这一类重大的决定，但是却必须花上两个星期才能决定车的颜色的人，那么很显然的，我们做决定的优先顺序可能弄错了。因为，这可能太钻牛角尖了，以至于会花过多的时间用于在作较琐碎的决定上，而忽略了整个决定的真正本质。

因此，最好的解决方法，就是从下个月开始，将所有较不重要的决定，都以掷铜板的方式来决定即可，根本想都不要去想，就照掷铜板的结果去做就是了。但是，到底哪一些决定是所谓的较小的决定呢？譬如凡是金额低、费时少的决定，皆可归类为此。相信一个月之后，你自然就会对那些金额较大、费时较久的大决定，养成较为深思熟虑的习惯，再不会花太多的时间，去烦恼到底要看哪一部电影之类的问题。

如果在经过深思熟虑之后所做的决定，最后却发现不是最好的，甚至是错误，那么，这对任何人而言，可能是最难堪不过的了。但是，我们要知道，人生不是静止不变的，随时都有改变决定的权利，人生未来走向是由许许多多不同的决定组合而成的，因此，塞翁失马，焉知非福？虽然说做决定的时机很重要，但是，如果执意要等到最好的时机才做每一个决定的话，那我们将一个决定都做不出来。因为，根本没人会知道，什么时候才是真正最好的时机，结果，反而错失了时机而有所延误。要知道，不做决定有时候往往比做错误的决定还要糟糕。爱迪生在发明电灯的时候，就曾经历超过一万次的考虑与尝试之后才成功；而每一次当他发现错误的时候，他就会马上调整步伐，改变方法，最后终于将电灯发明出来。

因此，就算做出了决定，而最后产生的结果与当初预期的有着相当程度的差异，也不要灰心，因为，这次宝贵的经验可能会在未来激发出更好的点子与方法；不过，如果一直犹豫不决，那么终将一事无成。

想成事，不要遇事犹豫不决，不论做什么，它终究是获取成功的一大忌。

45. 人弃我，我不自弃

没有选择、无法改变时，至少还有一点可以选择：选择自己是去投入地享受还是被动地受折磨。

不少人并不喜欢自己的工作，仅仅是为了生计而从事它，可又没什么机会可以选择新的工作，这时候许多人的态度是：混。

我们先来讲一个美国作家威莱·菲尔普斯的故事。在一个明朗的下午，这位作家去逛纽约的第五大道，突然想起来自己的袜子划破了，需要买双新的短袜。至于买一双什么样的，作家觉得那是无关紧要的。他看到第一家袜子店，就走了进去，一个年轻的店员，迎面向他走来，询问道："先生，您要什么？"

"我想买双短袜。"作家看到这位店员的眼睛闪着光芒，话语里含着激情。"您是否知道您来到的是世界上最好的袜店？"作家一愣，发觉自己从来就没有思考过这个问题，因为他的需求仅仅是一双短袜，走进这家商店纯粹就是一种偶然。

店员从一个个货架上拖下一只只盒子，把里面的袜子展现在作家的面前，让他鉴赏。"等等，小伙子，我只买一双！"作家有意提醒他。"这我知道，"店员说，"我想让您看看这些袜子有多美，多漂亮，真是好看极了！"

店员的脸上洋溢着庄严和神圣的喜悦，像是在向作家展示他的珍宝。作家立刻对这个店员产生了兴趣，把买袜子的事情抛于脑后。作家略微犹豫了一下，然后对店员说："我的朋友，如果你能天天如此，把这种热心和激情保持下去，不到十年，你会成为美国的短袜大王。"

大多数人都是厌恶工作的，除了工作的前三天能够给他们带来从未经历过的新鲜感觉之外，他们可能从来就没有真正工作过。尤其像这种卖袜子的职业，更是让我们大多数人倒胃口，别提产生什么长久的关注与热情了。但是问题是，你做工作连起码的情趣都失去了，还怎么可能有所成就呢？

罗素说过："在现实生活中，建设性劳动的快乐是少数人特有的享受，然而这少数人的具体数字并不少。任何人，只要他是自己工作的主人，他就能够感受到这点。其他所有认为自己工作有益且需要相当技巧的人均有同感。没有了自尊就不可能有真正的幸福，而对自己工作引以为耻的人是没有自尊可言的。"

46. 只要你愿意爬楼梯，就能达到顶层

人生的成功如登梯，爬得越高越累，但是只要你不放弃你就能走上顶层。

电影明星史泰龙，在未成名之前十分落魄，身上只有100块美金，甚至连房子都租不起，每天睡在车里。当时，他立志要当演员，自信十足地跑到纽约的电影公司应征，但因为外貌不出众以及说话咬字不清而遭拒。但他没有就此放弃，在被拒绝了1500次以后，他写了《洛基》剧本，并且拿着剧本四处推荐，又被拒绝了1800次，但是，他还是不灰心，终于遇到一名接纳他的老板，坚持到底的史泰龙如愿以偿，最后成为名闻国际影坛的超级巨星。

恒心是走向成功的基础。当你在向目标挺进的时候，千万别被别人嘲弄的声音、讽刺的话语、卑鄙的评论所吓倒，只有蒙起你的耳朵，别去理睬他们，才能继续前进。

假使你在人生旅途中遇上了麻烦或阻碍，你及时去面对它、解决它，再继续前进，这样问题才不会愈积愈多。同时当你解决了一个问题，其他问题有时也自动消失了。

只要坚持不懈，很快地，你就会发现自己有了很大的转变，干劲增强了，自信心也提高了，你会感到一种前所未有的快活。你的工作也比过去做得更多更好，你的人际关系也朝着好的方向转变。

你在前进的时候，一步步向上爬时，千万别对自己说"不"，因为"不"也许导致你决心的动摇，放弃你的目标，从而返下楼梯，前功尽弃。

如果通往成功的电梯出了故障，请你走楼梯，一步一步来。只要还有楼梯，或是任何梯子，通往你想去的地方，电梯有没有故障都是无关紧要的事了，重要的是你不断地一步一步往上爬。

47. 锁定偶然

> 每个偶然都可能产生必然，只是看你用什么样的角度去切入。放弃偶然，也许你会遗憾终生。

开普敦·布朗先生一直在潜心研究桥梁的结构问题。当时要在他家附近的特威德河上建一座大桥，开普敦一直在构思如何设计一座造价低廉的大桥，画出比较理想的图纸来。在初夏的一个早上，晨露未干，他正在自家的花园里散步，突然他看到一张蜘蛛网横在路上。他突然灵感大发，一个主意涌上心头。铁索和铁绳不正可以像蜘蛛网一样连成一座大桥吗？结果他发明了举世闻名的悬索大桥。

詹姆斯·沃特一直在思考如何在克来迪这个地方铺设地下输水管道。这地方河流纵横，河床情形千差万别，他苦思冥想未能想出理想的方案。有一天，他偶尔看到桌上一只龙虾的壳，由此他受到启发。他设计了一种类似龙虾形状的铁管，铺好之后，果然解决了以前没解决的难题。

伊兹贝德·布约尔设计著名的托马斯隧道的灵感则是观察微小的船蛆的结果。他发现这种小小的动物用自己全副武装的头部首先朝一个方向钻孔，然后朝另一个方向钻一个孔，再钻出一个拱道。这是第一道工序。第二步是在洞的顶上和两边涂上一层滑滑的东西。布约尔很受船蛆的启发，他把船蛆的操作过程及其方法认真加以研究，终于得以建好他的掩护支架，并完成他那项伟大工程。

当马尔格兹·沃赛斯特在套尔当囚犯时，有一次，他观察到水壶里的热气掀起水壶盖子这一现象，从此他的注意力就集中到蒸汽动力这个课题上。他把观察的结果发表在《世纪发明》这本杂志上，相当一个时期，他的论文被当做探讨蒸汽动力的教材使用。一直到后来，赛威热、纽卡门等人把蒸汽原理运用到实际生活中，制造出了最初的蒸汽机。后来瓦特被叫去修理这台已属于格拉斯哥大学的"纽卡门机器"。这一偶然的事件给瓦特带来了一次机遇，他花一辈子时间使蒸汽机完善起来。

善于抓住一些偶然的事件，善于抓住由这些偶然事件造成的机遇，从中探索出内在的原理，引申出科学的知识，这是许多科学家、发明家的成功之道。

天才就是能够把自己的注意力偶然地专注于某一特殊的方向。当然，这里的天才必须是那些全身心追求自己目标的人。一个人只要致力于追求自己的目标，他总会找到属于他的"偶然性"或机遇，当然，"偶然性"和机遇也只会光顾这样的人因为只有这样的人才不轻言放弃。

48. 为自己选件红衬衫

"要想出人头地，除了努力工作之外，没有任何捷径，更没有任何替代品。"

曾经有一个衣衫褴褛，满身补丁的男孩，跑到摩天大楼的工地向一位衣着华丽、口叼烟斗的建筑承包商请教："我该怎么做，长大后会跟你一样有钱？"

　　这位高大强壮的建筑承包商看了小家伙一眼，回答说："我先给你讲一个三个掘沟人的故事。一个挂着铲子说，他将来一定要做老板。第二个抱怨工作时间长，报酬低。第三个只是低头挖沟。过了若干年，第一个仍在挂着铲子；第二个虚报工伤，找到借口退休；第三个呢？他成了那家公司的老板。你明白这个故事的寓意吗？小伙子，去买件红衬衫，然后埋头苦干。"

　　小男孩满脸困惑，百思不解其中的道理，只好再请他说明。承包商指着那批正在脚手架上工作的建筑工人，对男孩说："看到那些人了吗？他们全都是我的工人。我无法记得他们每一个人的名字，甚至有些人，根本连脸孔都没印象。但是，你仔细瞧他们之中，只有那边那个晒得红红的家伙，穿一件红色衣服。我很快就注意到，他似乎比别人更卖力，做得更起劲，他每天总是比其他的人早一点上工，工作时也比较拼命。而下工的时候，他总是最后一个下班。就因为他那件红衬衫，使他在这群工人中间特别突出。我现在就要过去找他，派他当我的监工。从今天开始，我相信他会更卖命，说不定很快就会成为我的副手。"

　　"小伙子，我也是这样爬上来的，我非常卖力工作，表现得比所有人更好。如果当初我跟大家一样穿上蓝色的工人服，那么就很可能没有人会注意到我的表现了，所以，我天天穿条纹衬衫，同时加倍努力。不久，我就出头了，老板注意到我，升我当工头，后来我存够了钱，终于自己当了老板。"

　　成功只能在坚持不懈的行动中产生。付诸行动，这是成功者的共同经验，也是开发生命的必然要求，你越多地开发生命的宝藏，你就会越明显地感到行动的重要性，开发生命必须落实到实践行动，瞄准你的生命目标，永不放弃。

　　从现在起就开始行动吧。

49. 不要放弃，就要对自己狠点

> 忍常人不能忍之辱，吃常人不能吃之苦，必能做常人不能做之事。

战国时，苏秦自幼家境贫寒，温饱难继，读书自然是很奢侈的事。为了维持生计和读书，他不得不时常卖自己的头发和帮别人打短工，后又离乡背井到齐国拜师求学，跟鬼谷子学纵横之术。

一段时间之后，苏秦自认为已经学业有成，便迫不及待地告师别友，游历天下，以谋取功名利禄。一年后不仅一无所获，自己的盘缠也用完了。没办法再撑下去，于是他穿着破衣草鞋踏上了回家之路。

到家时，苏秦已骨瘦如柴，全身破烂肮脏不堪，满脸尘土，与乞儿无异。

妻子见他这个样子，摇头叹息，继续织布；嫂子见他这副样子，扭头就走，不愿做饭；父母、兄弟、妹妹不但不理他，还暗自讥笑他说：

"按我们周人的传统，应该是安分于自己的产业，努力从事工商，以赚取十分之二的利润；现在却好，放弃这种本应从事的事业，去卖弄口舌，落得如此下场，真是活该！"

这番话，令苏秦无地自容，惭愧而伤心。他关起房门，不愿见人，对自己作了深刻的反省：

"妻子不理丈夫，嫂子不认小叔子，父母不认儿子，都是因为我不争气，学业未成而急于求成啊！"

他认识到了自己的不足，又重振精神，搬出所有的书籍，发愤再读，他想道：

"一个读书人，既然已经决心埋首读书，却不能凭这些学问来取得尊贵的地位，那么书读得再多，又有什么用呢？"

于是，他从这些书中捡出一本《阴符经》，用心钻研。

他每天研读至深夜，有时候不知不觉伏在书案上就睡着了。每次醒来，都懊悔不已，痛骂自己无用，但又没什么办法不让自己睡着。有一天，读着读着实在倦困难当，不由自主便扑倒在书案上，但他猛然惊醒——手臂被什么东西刺了一下。一看是书案上放着一把锥子，为此他想出了一个不打瞌睡的办法"锥刺股"。以后每当要打瞌睡时，就用锥子扎自己的大腿一下，让自己猛然"痛醒"，保持苦读状态。他的大腿因此常常是鲜血淋淋，目不忍睹。

家人见状，心有不忍，劝他说：

"你一定要成功的决心和心情可以理解，但不一定非要这样自虐啊！"

苏秦回答说：

"不这样，我会忘记过去的耻辱；唯如此，才能催我苦读！"

经过血淋淋的一年"痛"读，苏秦很有心得，写出了"揣"、"摩"两篇。这时，他充满自信地说："这下我可以说服许多国君了！"

果然，后来苏秦官至相位，联众抗秦，成为战国时最有名的说客之一。

50. 充满斗志的不败人生

想想，要是生命中每一项我们所求的事物，都只花极少的努力就可以得到，那我们的生命不就变得索然无味。

在美国南部的一个农场里，有许多黑奴。

一天，一个黑奴的女儿推开了农场主的房门。

农场主很不高兴，恶狠狠地问她："什么事？"

那女孩子声清气朗地回答："我妈让我向您要一块钱。"

"不行，你走吧。"

"是。"女孩答应着，可是一点也没有离开的意思。

农场主很生气地说："我叫你回去，你听不懂啊？再不走，我让你好看！"

女孩依然应了一声"是"，但却仍然一动不动地站在那里。

这下可真把农场主惹火了，他气急败坏地抓起皮鞭朝女孩走去。

然而，那个女孩毫无惧色，不等农场主走近，反而先迎着他踏前一步，凛然的眼神一眨不眨地注视着凶恶的农场主，斩钉截铁地说道："我妈说无论如何都要拿到一块钱！"

农场主一下愣住了，细细地端详着女孩的脸，缓缓地放下皮鞭，从口袋里掏出一块钱给了女孩。

这是一个真实的故事，由此我们可以看到当你面对困难时，你该怎么办？当事情出了问题时，当他人对你产生了误解时，当你遭遇到失败时，当你一切似乎都是暗淡无光时，当你的问题看起来似乎不可能有令人满意的解决途径时，你又该怎么办呢？

难道你听任困难压倒你吗？难道你就束手无策，逃之夭夭吗？

面对困难你能激励斗志，把不利条件转化为有利条件吗？当你认识到你所向往的目标并认识到目标经过你的努力是可以实现的时候，你能应用切实清醒的思考并积极行动起来呢？

拿破仑·希尔说："每种逆境都含有等量利益的种子。"你想想：在过去有些事情似乎有巨大的困难或不幸的经历，但它们却鼓舞你去夺取属于你的成功和幸福。这是为什么呢？

是你永不放弃的斗志。是困难和不幸激发了你的斗志，使你不但没有被打败，反而获得了更大的动力，从而取得新的成功。

1914年12月，大发明家爱迪生的实验室在一场大火中化为灰烬。损失超过200万美元。那个晚上，爱迪生一生的心血成果在蔚为壮观的大火中付之一炬。

大火最凶的时候，爱迪生的儿子在浓烟和灰烬中发疯似的寻找他父亲。他终于找到了爱迪生：他正平静地看着火中的实验室，脸在火光摇曳中闪着光。爱迪生看见儿子就大声嚷道："查理斯，你母亲去哪儿了？去，快去把她找来，她这辈子恐怕再也见不着这样的场面了。"

第二天早上，爱迪生看着一片废墟说道："灾难自有它的价值，瞧，这不，我们以前所有的错误都给大火烧了个一干二净，感谢上帝，这下我们又可以从头再来了。"

火灾刚过去三星期，67岁的爱迪生就开始着手推出他的第一部留声机。

51. 成功学的秘诀——自己决不放弃

> 逆境是人生的必修课，不要被逆境吓倒，只有坚持才能使你拿满学分。

这是一位成功训练专家的真实故事。如果"不要被逆境打垮"这句话出自其他人之口还有些说教、理论的意味，那么对于这位专家来说，它就是生命旅程的本身与印证。

1992年，南下海南特区一年的他走上了创业之路，他参与创立的一个房地产公司的资产规模曾超过2亿元。后由于碰上国家宏观调控，未能顺利渡过"房地产泡沫潮"的公司于1995年宣告破产，他的身上也一下子背上了一大笔债。

经过对形势的分析比较，他决定到深圳去开始新的创业。初到一个陌生的地方，且身无分文，想打下一片天地谈何容易。两年中他先后遭遇三次大的失败，最穷困潦倒时经常口袋里拿不出钱来吃饭……困境中的他这时想起了自己曾在海南听过的成功训练课，身无分文的他决定将此作为新的创业起点，他走上了自由职业讲师之路，讲授的就是对他影响颇深的成功学。而他自己也正是在用这些方法来激励和鼓舞自己。从每天出门前照镜子给自己以鼓励，到进行自我训练来改变思维习惯，从订立并付诸实施三年成为百万富翁的目标计划，到通过增加做俯卧撑的次数来强化自己的意志力……

由于融合了自己的亲身经历，他的课很受学员的欢迎。开始时，他只能靠每晚1小时36元的讲课费度日，到了第二个月，他一天能得到2000元的讲课费；再后来，他每小时讲课费达到8000元。这离他失意地告别海南只有四年左右的时间。

现在，他成立了自己的主要从事成功训练的咨询公司，手下有五十几个员工，这在咨询公司中已属于中等偏上的规模了。

究竟是什么使他能够很快走出困境并实现了自己的目标呢？他在讲课时告诉学员四个字：不要放弃。

当我们遭遇挫折、陷入困境时，往往容易感叹世事不公，或者抱怨，或者等待。然而，总有那么一些人不会被逆境打垮，他们即使是在最艰难的时刻都能鼓励自己，并且会尽量将自己的积极情绪感染周围的同伴；永远积极乐观，从不抱怨，总是积极地思考，积极地准备，积极地寻求解决问题的方法，积极地行动，因此他们总能让希望之火重新点燃直到成功。

52. 千里之行，始于足下

不要放弃任何一个微小的努力，长时间的坚持能将你的选择打上完美的句号。

美国一家著名的牙膏公司有一位小职员，每次他给客户开票据、投寄信函乃至自己个人消费签发支票、签收邮件时，每次总在自己的签名下方写上公司的名字和"每支两美元"的字样。他因而被同事们戏称为"每支两美元先生"，他的真名反倒没有人叫了。

公司的董事长知道这件事后，感到很奇怪："居然有职员能从这么小的事情入手努力宣扬公司的声誉，我可要见见他。"于是邀请小职员一起共进午餐，他们谈得很投机。不久之后，小职员得到了提拔，并一步步成为高级职员，后来董事长因为年老而卸任时，推荐小职员做了他的继承者。

小职员做的事情谁都可以做到，但只有他一个人去做了，而且坚定不移，乐此不疲。嘲笑他的人里头不乏才华、能力在他之上的，但他们不屑于去做，最终，成功的归属说明了问题。也许有人认为这纯属偶然，可是，又有谁敢说偶然之中不包含着必然呢？

小职员的故事让人想起中国古代一个广为人知的故事。东汉有一少年名叫陈蕃，独居一室而龌龊不堪。他父亲的朋友薛勤批评他，问他为何不打扫干净来迎接宾客。他回答说："大丈夫处世，当扫除天下，安事一屋？"薛勤当即反驳道："一屋不扫，何以扫天下？"

陈蕃不愿意打扫自己的屋子，因为他认为那样的小事不值自己去做。胸怀大志，欲"扫除天下"固然可贵，然而却不一定要以不扫屋来作为

"弃燕雀之小志，慕鸿鹄以高翔"的表现。

凡事总是由小至大，正所谓集腋成裘，必须按一定的步骤程序去做。《诗经·大雅》的《思齐》篇中也有"刑于寡妻，至于兄弟，以御于家邦"之语，意思就是先给自己的妻子做榜样，推广到兄弟，再进一步治理好一家一国。试想，一个不愿扫屋的人，当他着手办一件大事时，他必然会忽视它的初始环节和基础步骤，因为这对于他来说也不过是扫屋之类。于是这事业便如同一座没有打好地基的建筑一样，华而不实，连三四级地震也经不起，那可真是"岌岌乎殆哉"了。

事无巨细，都有其一定作用，忽略所谓微小只会让你把握不住大的机遇。

53. 浪子回头金不换

你的生命靠你自己去把握，你的成功靠你自己去选择去坚持。

日本人中田修曾在驻日美国军队中当过仆役，做过黑市小贩、印刷公司职员，走马灯似地换了十几次工作。不是被辞退就是工作不太好不做，失业的他经常流落街头。一次，他徘徊在东京的一条街巷，感到万念俱灰，决心卧车自杀以结束自己的无限烦恼和痛苦。

他躺到街巷中间等待死神的召唤。一辆黑色的小车急速地驶来，却在就要轧上他时刹住了车。车上的人朝他大喊了一声："站起来，到一边去！"

"真是不走运，连就近结束自己生命的方便都不给。"中田修暗骂一句，晃晃悠悠地站了起来，准备到一街之隔的河边去完成这件事情。正在他站起来要走到河边的时候，他突然发现旁边不远有一块写着"垒泽设计研究所"的招牌。这块招牌唤醒了他——我为什么不能回头再去当一名印刷公司的职员呢？就在这一瞬间，他打消了自杀的念头。

原来，中田修在印刷公司工作时，就被公司职员优厚的待遇迷住了。为了摆脱饥饿，中田修下决心做个设计师，开一家属于自己的公司。当时并没有学习设计的学校，中田修便利用工作的方便，把设计公司的作品带回家研究，自学设计方面的书籍，坚持了半年，他终于学会了设计技术。

在放弃了自杀念头后，中田修认真地想办法完成自己的心愿。没有雄厚的资金，他通过报纸的"读者栏"招收学生。开始只办"周日教室"，以后又租借公共场所作为教室，以容纳更多的学生。为筹措办学资金，他把"前金制"引入学校的建设之中，所谓"前金制"就是预收款。慢慢地，一个正式的设计学校就形成了。

到1959年4月，"东京设计所"在大阪成立。起名东京，是为了纪念东京那间挽救了中田修性命的设计所。后来，在中田修苦苦经营下，"东京设计所"终于成了日本一流的设计研究所。

人生，不要轻言放弃，才能从痛苦中寻找到属于自己的机遇。

54. 把握精彩的过程

结果固然重要，但为了想象中的结果就放弃一切是愚蠢的。

在这个讲究时效的时代，每干完一件事，人们总先问结果怎么样。

"认识你眼前的东西，那么隐藏的东西也会显示在你眼前。"很多人因为结果未卜就放弃许多事，也就失去了成功的机会。有的人虽然不知道结果会怎样，但仍然全身心地投入，因为他们相信：只要用心去干，就不会失败。

"天空没有我的痕迹，但我已飞过。"结果不应该成为我们前进的枷锁，过程才是推动我们向前迈步的动力。

毕田出生在一个医生世家，他在上学期间，对医学研究专心致志，并且积极从事实践活动。

父亲对毕田的表现很满意，经常对他说："看呢，我们又多了一名优秀的医生。"

但过了一段时间，毕田对这项职业失去了兴趣，转而决心去外地求学，想成为一名律师。临行前，父亲心痛地问："你为什么不要灿烂的前程，又从零开始呢？"

毕田说："前程我不感兴趣，我需要的是学习。"

父亲问他："你学律师干什么？不就是想当大法官吗？"

毕田说："我不知道将来会是什么样子，我只清楚现在该怎么去做。"

毕田毕业后进了内殿法学协会。他刻苦钻研法律，几年后被招进律师界，可生活却无法保障，他只能是节衣缩食，经济十分紧张。

三年中毕田几乎是靠家里的支援挺过来的。父亲劝他赶紧回头，继续从医，但毕田不愿意就这样放弃一切。

由于他在办理小案子时表现出众，守信用，一些人开始把大宗案子也交给了他。毕田办案的成功率达到98%。

多年后，毕田成了声名显赫的主事官，戴上了最高封号——贵族这顶王冠。

毕田依靠渊博的知识和顽强的意志，一步步走向了成功。

生命的快感来源于长途跋涉的过程，天才真正的苦恼不是产生在成功之前，而是产生在成功之后，而一旦得到了仰慕已久的成功，或许会有更多的失落在等着你。

莱克曾说："追求真理的过程，胜于重视真理本身。"过程是美丽的，人只有在经历过程中，才会享受到乐趣和激情。

死亡早在人出生时，就成为人的结果。人们在孜孜不倦的追求中，创造了超越生命的东西，创造的过程虽艰苦，但只有在经过了不轻易地放弃的磨难之后，人们才能更透彻地领悟到人生的真谛。

55. 专注于你的工作

克制自己，那么离成功会越来越近；克制不住自己，那么成功将被一点一点地放弃。

个商人需要一个小伙计，他在商店里的窗户上贴了一张独特的广告："招聘：一个能自我克制的男士。每星期4美元，合适者可以拿6美元。""自我克制"这个术语在村里引起了议论，这有点不平常。这引起了小伙子们的思考，也引起了父母们的思考。这自然引来了众多求职者。

每个求职者都要经过一个特别的考试。

"能阅读吗？孩子。"

"能，先生。"

"你能读一读这一段吗？"他把一张报纸放在小伙子的面前。

"可以，先生。"

"你能一刻不停顿地朗读吗？"

"可以，先生。"

"很好，跟我来。"商人把他带到他的私人办公室，然后把门关上。他把这张报纸送到小伙子手上，上面印着他答应不停顿地读完的那一段文字。阅读刚一开始，商人就放出六只可爱的小狗，小狗跑到小伙子的脚边。这太过分了，小伙子经受不住诱惑要看看美丽的小狗。由于视线离开了阅读材料，小伙子忘记了自己的角色，读错了。当然他失去了这次机会。

就这样，商人打发了70个小伙子。终于，有个小伙子不受诱惑一口气读完了。商人很高兴。他们之间有这样一段对话：

商人问："你在读书的时候没有注意到你脚边的小狗吗？"

小伙子回答道："对，先生。"

"我想你应该知道它们的存在，对吗？"

"对，先生。"

"那么，为什么你不看一看它们？"

"因为我告诉过你我要不停顿地读完这一段，所以我不会轻易放弃阅读。"

"你总是遵守你的诺言吗？"

"的确是，我总是努力地去做，先生。"

商人在办公室里走着，突然高兴地说道："你就是我要的人。明早七点钟来，你每周的工资是六美元。我相信你大有发展前途。"小伙子的发展的确如商人所说。

克制自己、不要停顿就是成功的要素！太多的人喜欢玩小狗，而不能克制自己，不能把自己的精力投入到他们的工作中，完成自己伟大的使命。这可以解释成功者和失败者之间的区别。青年人，即使天掉下来，你也要克制住自己，不要轻易放弃自己美好的事业！

56. 用恰当的目标为自己铺就成功的道路

沿着目标坚持下去，总有一天，你会有面包的。

史蒂芬·史匹柏在36岁时就成为世界上最成功的制片人，电影史十大卖座的影片中，他个人囊括四部。他是怎么能在这样年轻的年纪里就有此等成就？他的故事实在耐人寻味。

史匹柏在十二三岁时就知道，有一天他要成为电影导演。在他17岁那年的某天下午，当他参观环球制片厂后，他的一生改变了。那可不是一次不了了之的参观活动，在他得窥全貌之后，当场他就决定要怎么做。他先偷偷摸摸地观看了一场实际电影的拍摄，再与剪辑部的经理长谈了一个小时，然后结束了参观。

对许多人而言，故事就到此为止，但史匹柏可不一样，他有个性，他知道他要什么。从那次参观中，他知道得改变做法。

于是第二天，他穿了套西装，提起他老爸的公文包，里头塞了一块三明治，再次来到摄影现场，装出他是那里的工作人员。当天他故意地避开了大门守卫，找到一辆废弃的手拖车，用一块塑胶字母，在车门上拼成"史蒂芬·史匹柏"、"导演"等字。然后他利用整个夏天去认识各位导演、编剧、剪辑，终日流连于他梦寐以求的世界里。从与别人的交谈中学习、观察并发展出越来越多关于电影制作的敏感来。

终于在20岁那年，他成为正式的电影工作者。他在环球制片厂放映了一部他拍的不错的片子，因而签订了一纸7年的合同，导演了一部电视连续剧。他的梦终于实现了。

你也要像史匹柏一样知道自己所追求的目标，也知道做法，坚持学习，用恰当的目标，为自己铺就了成功的道路。

57. 抓牢人生的"第二春"

现在就跨出新生活的第一步，对于自己过去，大可不必耿耿于怀，是好是坏都已过去，且把它看作一张白纸，你心中就没有了埋怨与不满，生活一切顺利平稳。

如果你认为人来世上是有所作为的，那就更应该重视自己的存在。每个人的生命都是伟大的、有创造力的，只是我们常忽视这一点，生活中永远不乏体验与成长的机会，即便身处绝境，不正是开新天地的大好时机吗？一味沉浸在过去的回忆里，只是浪费生命，如何生活的决定权在自己，这是别人无法取代的，如果此时此地的生活并不快乐，也不成功，何不勇敢地尝试改变，去另辟蹊径呢？有的人坚持着"矢志不渝"的思想，守着最初的道路不放，如果你坚信是正确的可以去坚持；如果从实际出发认为有偏颇，也可以退回来另走别的路。"撞了南墙要回头。"一件事情未成功，不要因此轻视自己的能力，许多人之所以找不到正确的方向，多半因为小看自己，其实每个人都有很大的发展领域。固守一处，没有信心，会使你失去发展的机会，失掉可能有的成功。

古人落榜不失志的例子可能给我们一些有益的启示。

曾巩，北宋江西人，唐宋八大家之一。他和胞弟、表弟共六人，几次在科举考试中都未考中进士，有一年，曾巩与其弟应试去，不料又名落孙山，有人作诗讽刺他们说："三年一度科场开，落杀曾家两秀才。有似檐间双燕子，一双飞去一双来。"曾巩对此并不介意，也不灰心，一再教育诸弟要经得住失败的考验，在学习上要永不懈怠，刻苦攻读。又到大比之年，曾巩与兄弟六人又去赴试，在走之前，曾母感叹地说："你们六人当中，只要有一个金榜题名，我就心满意足了！"考试结果张榜公布。曾巩兄弟六人都中进士，且名次都在前列。可见人应该有信心坚持自己追求的理想和志向，落第不灰心，尤其对莘莘学子更有借鉴意义。

矢志不渝的追求进取固然可贵，开创生命新天地的精神更值得钦佩。例如，蒲松龄，是清初山东人，由于当时科举制度不严谨，科场中贿赂盛行，舞弊成风，他四次试举人都落第了。蒲松龄志存高远，并未因落第而悲观失望，他立志要写一部"孤愤之书"。他在压纸的铜尺上镌刻一副对联，联云：

"有志者，事竟成，破釜沉舟，百二秦关终属楚；苦心人，天不负，卧薪尝胆，三千越甲可吞吴。"

蒲松龄以此自敬自勉。后来，他终于写成了一部文学巨著——《聊斋志异》，自己也成了万古流芳的文学家。

蒲松龄虽然落第，与仕途无缘，但他找到了成就自己的另一条道路，在这条新开辟的方向上，他取得了成功，也为后人留下了宝贵的精神财富。像他这样的例子在历史上还有很多。

由此可见，人生并非只一处辉煌，辉煌需不懈的努力和创造，站在现在这个时点，审时度势，作出你的选择，找到你的生活目标。若要寻找它，你须从新的角度看待自己，重新找回自信心，你会发现自己越来越多值得欣赏的地方。唯有充满信心，才能真正认识自己，方能注意到生命中许多微妙的层面，发展成功的机遇，拓宽视野，走向生命的开阔处。

58. 成功的契机，往往在于思维的悖逆

成功的契机，往往在于思维的悖逆。

北宋政治学家司马光小时候机智过人。有一天他和几位小朋友在花园里玩，一个小朋友不小心掉进了一个大水缸，小朋友们一时便都慌乱了起来：有的大喊："来人啊！救命啊！"；有的拼命地想把落水的小伙伴拉出来；司马光急中生智，拿起一块石头，将水缸砸破，水流走了，那位小朋友也得救了。

我们不难看出，孩子掉下水缸后，大多数孩子是按常规思维救人的，即使人离开水；而司马光取的是超常思维，即使水离开了人。事情结果砸破水缸是否遭来大人的打骂，并不是我们所要讨论的。

实际上，我们与其说是"超常思维"不如说是"逆向思维"来得到更

贴切些。也正是凭着"逆向思维"，司马光才得以化险境为安全，其事迹也成为千古流传的教育精品。

显然，逆向思维明显的特点就是不按常规办事，不循规蹈矩，显示与众不同的独特性，善于从不同角度去思考问题，思维在一个方向受阻时，马上改换新的方向，借助于他们思维的结果分析统摄，巧妙组合，从而找出新的突破。而那个"新的方向"往往正是常规思维的"死角"。因为常规思维往往表现出一种定势，墨守成规，按常规办事，往往只有一个思维角度，一个常规方向。

这显然是两种旗帜鲜明的对立，然而，逆向思维往往只有当它被诉诸语言文字时，才会受到人们的关注，而且通常是，离开语言文字回到真实的生活中时，便又很快把它给忘了。现实生活就像一台庞大的消化机器，逆向思维一放进去，就容易被消融得一干二净。对于逆向思维，常规思维似乎有着极强的同化作用，就好像中国国家足球队对健力宝小将的同化似的，不知不觉中便已完成。

常规思维有着那么强大的力量，作为一种"定势"、一种"常规"，其本身就证实了它的历史悠久，根深蒂固。它绝非只是个体的问题，而往往与整个民族，与整个社会的文化传统息息相关。那些常规定势，往往正是世代传统的沉淀，而这，也正是其具有强大力量的根源，正因为这强大的社会历史后盾，使得它的地位坚固得难以轻易动摇。

而我们仔细探寻那些世代相传的纽带时，便发觉教育是其中最重要的传送工具。所以，我们这些经过教育与社会磨炼的大人才会不时惊奇于孩子的睿智，并由此便以为自己又发现了一个天才。而事实上，又有多少孩子成人后能继续以其神奇的智慧而著称于世？

可笑的是，司马光这一被公认为思维奇特的孩子，长大后，却成为历史上有名的保守派，极力反对王安石的变法，其反差之大，着实让人惊奇。而曹操的小儿子曹冲，小时候虽令人称奇的将那头大笨象的体重给称了出来，然而长大后，却也无所传奇作为。

103

所谓的超常、逆向思维，在孩子步向成熟时，却反而神不知鬼不觉地萎缩了，这不能不说是一个"悲剧"。

不要为我们的社会辩护，我们并没有对社会谴责什么。作为一个社会，它无法不拥有一系列的秩序规范，而这，便是"常规"的社会基础，便是所谓的"框框"。而我们的"逆向思维"便是要在这严密的框框中寻找立足之地。无疑，这是一件难度极大的工作，若不是刻意追求，我们难脱"常规"之手掌心。

所以，具有"逆向思维"的人往往就会在社会中有所成就、有所名声。但这种人在社会中却又寥寥无几，因而其轶事便易于为人们所传说。

伦琴发现伦琴射线后，收到一封信，写信者说他胸中残留着一颗子弹，须用射线治疗。他要求伦琴寄一些伦琴射线和一份怎样使用伦琴射线的说明书给他。

我们注意到：伦琴射线是无法寄的，这不仅是无知，而且带戏谑成分，求人帮忙，却不庄重，居然开玩笑。换作常人，实在应该好好教训他一顿，阐述一下道理原理。但伦琴却回信道："请你把你的胸腔寄来吧。"以谬还谬，显然比怒斥一通效果好得多。他不为不敬重的来信而感情用事，这是一种受辱不惊的超常感情，而正是这种感情，才使他作出了不同一般的应对办法。

一反常规的反击往往让对方感到惊奇而无言以对，再来看一个著名的例子：

苏格兰诗人彭斯，一次凑巧见到一个富翁被一位穷人从水中奋力救起。而那个富翁却连句感谢的话都没有说，留下一枚铜钱后便扬长而去。围观的人都非常气愤，要求将那可恶的富翁重新扔到河里去。而彭斯却上前说："放了他吧，他自己也了解他的生命的价值。"围观的人们听了都为之哄堂大笑。

不动声色中，极大的讽刺了那位爱财如命的吝啬鬼。尽管这其中似乎有阿Q式的自我胜利法，却仍然无法掩盖住那睿智之光。

有一次，国王问阿凡提："要是你面前一边是金子，一边是正义，你选择哪一样？"阿凡提居然出乎意外地回答："我愿意选择金钱。"国王大为惊奇："金钱有什么用？正义可是不大容易得到的呀！"阿凡提接着说：

"谁缺什么就想得什么，我缺的是钱，所以我要钱；你缺的是正义，所以你要正义。"

那种出其不意的思维，让本想愚弄阿凡提的国王一时不知如何应对，其地位已经逐渐地由"主"向"客"靠拢，及至阿凡提故作姿态的作出解释时，我们就不禁"可怜"起那位被反主为客的君王了。

逆向思维就像天空绚烂的彩虹，无论它在什么时候、什么地方出现在天空，扯起的都是人们发自内心的赞叹与向往。

而当今，逆向思维早已成为社会各界推崇的对象，尤其是在当今最热门的工商业界，更是备受关注。经济学家和管理者口中的所谓利润来源、创新，实际上便是对逆向思维的一种诉求。创新要求人们把握住别人所忽略的机会，它不同于发明。通俗一点，它只是对一些现存的东西加以利用，而这些现存东西的价值通常是无法为常规思维所察觉的。所以，人们对企业家的最首要的要求，便是能创新。因为，创新便是利润，而对企业家本身而言，创新便是成功。

所以，逆向思维无论在日常生活，还是在竞争激烈的工商界，都有着其独特而巨大的价值。启发自己的逆向思维，无疑是一个迈向成功的极好法宝。

59. 希望值得你去等待

人因希望而存在，希望因为成功而等待。

希望是催促人们前进的动力，也是生命存在的最主要激发因素：只要活着，就有希望；相对的，只要抱有希望，生命便不会枯竭。希望，不一定是多么伟大的目标，它可以缩小到平淡生活中的一些小期待，小盼望，小快乐，小满足，譬如明天会看到太阳，明天要去听一场音乐会；下星期约了老朋友喝茶，下个月即将有一小笔奖金；阳台上的盆花，即将盛开；明天将穿一件新衣，购买一件想要的物品，完成一个崭新的计划……虽然在别人眼里，或许尽是些微不足道的细碎小事，但是，对个人而言，却能带来一些乐趣，也都值得等待，这些就都是喜悦的希望。希望，可能是明天公布考试成绩得高分，或是荣登金榜；希望可能是明天见到自己心爱的人，或是获得自己渴望的答案，也可能是洞房花烛夜的日子；希望可能是工作获得上级的肯定，能表现自己的才华和成就，希望就是这样平平常常的满足，从从容容的期盼。

有这样一个农家女子，生长在偏远的小村子里。过着日出而作日落而息的生活，她喜爱一项传统工艺：剪纸，并达到了比较高的水平。

这个女孩子不知从哪里道听途说这么一个消息：一些外国人喜欢中国的工艺品，大老远跑到山西的农家小院去买老太太做的虎头鞋，一双十美元，值好几十块钱呢。她想，北京是首都，外国人多，如果把自己的剪纸拿到那里一定能卖个好价钱。18岁那年，她为自己的剪纸作品进行了第一次尝试，她带着省吃俭用攒出来的路费，满怀希望地到了北京。但是她没有想到，北京艺术品市场里的剪纸那么便宜，她带去的作品，一块钱一张都没人要，险些连回家的路费都成了问题。这次尝试得到的答案是：此路不通，后果是不仅没挣到钱还赔上了一笔路费。此时，这位女孩应当把什么放在第一位？女孩选择了坚持。她坚持继续学习剪纸艺术。

22岁那年她为自己的剪纸进行了第二次尝试。她苦苦哀求、软磨硬泡拿到了父母为她准备的一千元嫁妆钱，交了省城一家美术馆的展览费。这一次更惨，她不仅赔上了自己的嫁妆钱，还欠下了一大笔装裱费，而且成了乡邻茶余饭后的笑料，这样的后果她已经无法承受了，只好一走了之，为还钱跑到深圳去打工。打工的那段日子尽管她过得很艰难，但她除了每天在流水线上拼命工作外，还挤出时间去上晚间的美术课，处处留心实现自己剪纸梦想的机会。

后来，她做了一次又一次尝试。随着年龄的增长和人生阅历的增加，她将自己所能了解到的途径一一尝试。到艺术学校自荐、参加各种各样的评比和展出、给报纸杂志寄作品、报名参加电视台的参与节目、想方设法接触记者、联系赞助搞个人展、请工艺店和市场代卖、去印染厂推销自己的图样设计，等等等等……她的尝试有许多都失败了，但她勇敢地承担每一次失败带来的后果，曾被中介骗子骗走了所有的作品，也曾被债主逼得走投无路。每失败一次都要狼狈不堪地善后，但她每一次在面临选择的时候，始终把酷爱的剪纸艺术放在第一位。后来，她有了自己的一个小小剪纸工作室，靠剪纸维持自己的生活。她满足了，快乐地认为自己获得了成功，因为日夜与她相伴的是剪纸艺术。最后农家女终于成了远近闻名的"剪纸艺人"。

农家女就是这样每天给自己一个小小希望，生活便充满无限活力，然后，她没有时间去想东想西，去悲春叹秋了。

面对生活，不论希望大小，只要值得我们去期待、去完成、去实现，都是美好的，而当我们在进行的过程中，必然会体会到其中的快乐，生命便也因此更丰盈，更有意义。

60. 强者的选择——不放弃

强者引导潮流，智者顺应潮流，弱者被潮流卷走。

乔治·大卫·伍兹出生在一个普通工人的家庭。1918年，伍兹因父亲去世，不得不中断学业。为了赡养母亲，他到纽约华尔街当了一名小职员。

伍兹在一家名叫哈利斯·福比斯的股票经纪公司工作，工资最低，工作最繁重，但年仅17岁的他却很有志气，决心自学成才，在金融界闯出一条自己的路。他在工作中十分注意吸取别人的经验，还利用晚间，进入一家金融财政夜校学习金融知识。经过两三年的努力，他已具有一定专业水平，加上工作努力，老板开始器重他了。他被任命为公债推销员，由于成效显著，1925年又被提升为这家证券经纪行的副总经理。当时他只有24岁，成为美国金融史上最年轻的高级经管人员。

1929年至1933年，世界经济陷入大危机，华尔街的股票市场与其他地区的股市一样，萧条不堪，许多银行纷纷破产倒闭，不少金融巨头因不堪负债压力而跳楼自杀。但此时的伍兹却独有见解，认为这正是金融创业的大好时机。1934年，他与别人合作创立了一家经营投资银行业务的金融公司，叫第一波士顿公司。由于当时绝大多数金融机构处于衰退或破产状况，无心亦无力开展业务，而伍兹乘虚而入，加上他经营有方，公司业务蒸蒸日上，迅速发展成为美国有名的金融公司，伍兹也成为金融界的杰出人物。

1962年，世界银行（属联合国的专门机构）行长布莱克因到龄退休，需要找一位有金融才能和业绩的人接替行长职务，经过世界银行董事会的物色和充分研究，选中了伍兹承担这个重要职务。他在这个职位上一直干到1982年去世。

伍兹由一个小职员做到了世界银行行长的高位，与他事业心强分不开，但更与他善于驾驭局势，乘势进取有直接关系。

驾驭局势是强者的本色。毛泽东的"不管风吹浪打，胜似闲庭信步"，宋朝大将宗泽的"眼中形势胸中策，缓步徐行静不哗"，体现的都是一种在乱局中举重若轻的高超本领。

水无常形，灵动万变。世事就像水一样，总是处于不断变化之中，形势的变化既带来风险，也带来机遇。这对有志者来说，倒是好事：有变化才有发展，在一潭死水中，如何孕育生机？所谓"乱世出英雄"，如果懂得趋利避害之道，就能在变动中大展宏图。

61. 与其临渊羡鱼，不如退而结网

　　羡慕别人常会给我们带来更多的痛苦，但若去想想我们自己所拥有的，我们将会得到更多的感恩和幸福。因为你身上所有一些特性是与生俱来别人也不可能拥有的，何不用坦然喜乐的心来接纳上苍赐给我们的这些最好、最合适的一切呢？

　　俗话说："知足常乐"。然而嫉妒的心理就像一根盛夏的小草，常常在不经意间疯狂地成长，遮掩了生活中的阳光雨露，使我们陷入无边的痛苦之中。

　　有这样一则故事：有一只蜗牛总是对一只青蛙很有成见。有一天，忍耐许久的青蛙问蜗牛说："蜗牛先生，我是不是有什么地方得罪了你，所以你这么讨厌我。"

　　蜗牛说："你们有四条脚可以跳来跳去，我却必须背着我沉重的壳，贴在地上爬行，所以心里很不是滋味。"

　　青蛙说："家家都有本难念的经。你只是看见我们的快乐，没有看见我们的痛苦而已。"

　　这时，有一只巨大的老鹰突然来袭，蜗牛迅速地躲进壳里，青蛙却被一口吃掉了。

　　一只羚羊看到大象把树上的树枝卷下来，并吃掉枝上的叶子。然后又走到河边，用它的长鼻汲水，轻松愉快地向空中喷去。

　　羚羊很羡慕大象所做的一切。

　　于是它请求上帝给它一根长鼻子。它果真如愿以偿。羚羊高高兴兴地带着长鼻子回到羊群当中，并且向大家展示长鼻的功用，羊群惊讶地看着它的表演。

此时，一只饥饿的狮子来到。羊群看到狮子立即拔腿就跑，但是那只带着长鼻的羚羊却无法快速脱逃，所以狮子一下子跳上去，把它吃了。

这是一个令人伤心的事，然而这类故事的导演真的就是你自己。爱美之心人皆有之，在现实生活中，向善向美的羡慕是一件好事，然而对别人或者外物的羡慕超出了正常程度，事情就坏了。

沉湎于对别人的羡慕中的人们，有着这样一个共同的特点。他们总是在用自己的短处与别人的长处相比，而且也忘却了"尺有所短，寸有所长"这句话的意义，下面请看看一个成功人士是怎样走出羡慕别人的误区的。

一场暴雨过后，金拉克家后面的巷子变得寸步难行。但是他一定要开车穿过巷子才能到达车库，他困在巷子里，整整挣扎了几十分钟，想把车子从泥浆里开出去。他想尽了一切办法，都徒劳无功，最后只好打电话找拖车公司。公司派来的人看了现场之后，问他能不能让他开他的车试试看。他一再强调绝对没用，职员却很有信心，平静地要求他让他"试试看"。

金克拉答应了，不过还是不相信他会成功，并且提醒他别把车轮子磨坏了。他坐上驾驶座，轻轻转动方向盘，启动引擎，操纵了几次，不到半分钟，就把车开了出来，金克拉既惊讶又敬佩，职员说他在德州东部长大，驾车经过泥浆早就习以为常。金克拉相信这人绝对不比他"聪明"，只是拥有他所缺乏的经验而已。

事实上，我们羡慕许多人的技巧与成就，他们也羡慕我们的技巧与成就。每个人都有自己独特的技巧、才能与经验。经验不同，并不表示你不如别人，或别人比不上你。

为别人会做而自己却不能做的事自卑，不如想想你会做哪些别人做不到的事。在佩服别人技巧的同时，别忘了只要花同样的时间与努力，你也可以使自己的技巧大为改善。你们之间的差别只是经验不同。

第二篇

在人际交往中游泳

1. 可以选择自己的餐点

不要和自己过不去，美好的生活来源于大胆的选择。

20世纪初，有个爱尔兰家庭想移民美洲。他们非常穷困，于是辛苦工作，省吃俭用三年多，终于存够钱买了去美洲的船票。当他们被带到甲板下睡觉的地方时，全家人以为整个旅程中他们都得待在甲板下，而他们也确实这么做，仅吃着自己带上船的少量面包和饼干充饥。

一天又一天，他们以充满嫉妒的眼光看着头等舱的旅客在甲板上吃着奢华的大餐。最后，当船快要停靠爱丽丝岛的时候，这家其中一个小孩生病了。做父亲的找到服务人员说："先生，求求你，能不能赏我一些剩菜剩饭，好给我的小孩吃？"

服务人员回答说："为什么这么问，这些餐点你们也可以吃啊。"

"是吗？"这人回答说，"你的意思是说，整个航程里我们都可以吃得很好？"

"当然！"服务人员以惊讶的口吻说，"在整个航程里，这些餐点也供应给你和你的家人，你的船票只是决定你睡觉的地方。并没有决定你的用餐地点。"

很多人也有相同的状况，他们以为他们"被带去看"的地方就是他们一辈子必须待的地方，他们不明白，他们可以和其他人一样，享受许多同样的权利。成功是要寻访、要共享、要想办法接近的。

过去的已经过去，现在你正在为灿烂的明天打基础。正如一位哲人所说："无论你身处何境都要有自己的选择。"

2. 真诚地披露自己的心灵

智者活得潇洒，因为他选择光明，坦诚面对错误。

格里·克洛纳里斯现在是北卡罗来纳州夏恰特当货物经纪人。在他给西尔公司做采购员时，他发现自己犯下了一个很大的估计上的错误。有一条对零售采购商至关重要的规则是不可以超支你所开账户上的存款数额。如果你的账户上不再有钱，你就不能购进新的商品，直到你重新把账户填满——而这通常要等到下一次采购季节。

那次正常的采购完毕之后，一位日本商贩向格里展示了一款极其漂亮的新式手提包。可这时格里的账户已经告急。他知道他应该在早些时候就备下一笔应急款，好抓住这种叫人始料未及的机会。此时他知道自己只有两种选择：要么放弃这笔交易，而这笔交易对西尔公司来说肯定会有利可图；要么向公司主管承认自己所犯的错误，并请求追加拨款。正当格里坐在办公室里苦思冥想时，公司主管碰巧顺路来访。格里当即对他说："我遇到麻烦了，我犯了个大错。"他接着解释了所发生的一切。

尽管公司主管不是个喜欢大手大脚花钱的人，但他深为格里的坦诚所感动，很快设法给格里拨来所需款项，手提包一上市，果然深受顾客欢迎，卖得十分火爆。而格里也从超支账户存款一事汲取了教训。并且更为重要的是，他意识到这样一点：当你一旦发现了自己陷入了事业上的某种误区，怎样爬出来比如何跌进去会显得更加重要。

当你不小心犯了大错误时，最好的办法是坦率地承认和检讨，并尽可能快地对事情进行补救。只要处理得当，你甚至可以立于不败之地。

　　法国思想家、文学家卢梭在50多岁时写了自传《忏悔录》。在这部自传中，他没有美化自己，他以极其坦诚的态度，讲述了自己的种种恶行与隐私。他是这样说的："请您把那无数众生叫到我跟前来！让他们听听我的忏悔，让他们为我的种种堕落而叹息，让他们为我的种种恶行而羞愧。然后让他们每一个人在您的宝座前面，同样真诚地披露自己的心灵，看看有谁敢于对您说：'我比这个人好'。"

　　是的，我们并非圣人，由于社会污浊的浸染，我们的心灵难免产生渣滓。问题在于我们要正视它，不要让它在心中安然存在。而对于阴暗的东西的根除，最有效的办法就是让它暴露在太阳底下。这需要勇气，需要自己对自己的高要求。要知道，这样做，并不会损坏你的形象，只会提升你的自信，升华你的人品。"渣滓尽化，明月自来照人"。卢梭没有因对自己心灵的解剖和赤裸裸的袒露而觉得无地自容，他忏悔了，他心灵净化了，他认为自己是世界上最纯洁的人。

　　敢于真诚地披露自己的心灵，才能真正地做到诚实无欺，才能赢得别人的尊重和信赖。

3. 尊重别人的选择，也要不放弃自己的观点

　　　能尊重别人的意志与选择，才能不放弃自己的观点与主张。

　　一位作家讲过这样一个故事：

　　市场上，果贩遇到了一位难缠的客人。

　　"这水果这么烂，一斤也要卖2.5美元吗？"客人拿着一个水果左看右看。

　　"我这水果是很不错的，不然你去别家比较比较。"

客人说："一斤2美元，不然我不买。"

小贩还是微笑地说："先生，我一斤卖你2美元，对刚刚向我买的人怎么交代呢？"

"可是，你的水果这么烂。"

"不会的，如果是很完美的，可能一斤就要卖5美元了。"小贩依然微笑着。

不论客人的态度如何，小贩依然面带微笑，而且笑得像第一次那样亲切。

客人虽然嫌东嫌西，最后还是以一斤2.5美元买了。

有人问小贩何以能始终面带笑容，小贩笑着说："只有想买货的人才会指出货如何不好。"

小贩完全不在乎别人批评他的水果，并且一点也不生气，不只是修养好而已，也是对自己的水果大有信心的缘故。我们真的比不上小贩，平常有人说我们两句，我们就已经气在心里口难开，更不用说微笑以对了。而且在生活中批评指责我们的，往往是我们最亲近的人和最好的朋友。正所谓："良药苦口利于病，忠言逆耳利于行。"

豁达是一种博大的胸怀、超然洒脱的态度，也是人类个性最高的境界之一。一般说来，豁达开朗之人比较宽容，能够对别人不同的看法、思想、言论、行为以至他们的宗教信仰、种族观念等都加以理解和尊重。不轻易把自己认为"正确"或者"错误"的东西强加于别人。他们也有不同意别人的观点或做法的时候，但他们会尊重别人的选择，给予别人自由思考和生存的权利。

如果大家希望享有自由的话，每个人均应采取两种态度：在道德方面，大家都应有谦虚的美德，每人都必须持有自己的看法，不一定是对的态度；在心理方面，每人都应有开阔的胸襟与兼容并蓄的雅量来宽容与自己不同甚至相反的意见。换句话说，采取了这两种态度以后，你会容忍我的意见，我也会容忍你的意见，这样大家便都享有自由了。

4. 该喊的时候就得喊

轻易地放弃问题，无异于自己开脱自己，无异于自欺欺人。

有一次，鲍波在离警局不到100米的地方，被两个歹徒截住。歹徒让鲍波交出身上所有值钱的东西，鲍波什么都没有说，默默地把一条金项链交给了歹徒。

歹徒仍不甘心，把鲍波的浑身上下搜了两遍，没有更多的收获，便恼羞成怒，将鲍波打昏在地。

路过此地的一名警察救起了鲍波，问道："你被抢的地方，就离警局那么近，你当时为什么不大声喊救命呢？"

鲍波答道："因为我怕一张开嘴巴，连我嘴里的五颗金牙，也会一起被那个歹徒抢走！"

其实，很多人不就是经常面临这种明明可以"喊救命"，却因为顾虑某种因素，而自愿放弃"救援"的机会吗？这些让自己乖乖"束手就擒"的因素，包括自尊、面子、名利。

海伦·凯勒曾经写道："真正的盲人，并非双眼失明的人，而是那些对问题短视、缺乏远虑的人。"

我们千万别为了顾全眼前看得到的事物，而轻易放弃可以让问题获得解决的机会，因为这只会让自己所面对的问题陷入更难解的情况。

更何况你为了某种原因而假装看不见问题的存在，并不代表那个问题已经消失，充其量只是暂时将真正的问题掩盖起来，总有一天，你还是必须睁开眼睛来面对它。

5. 警惕！别上了朋友的当

害人之心不可有，防人之心不可无。交友之道，慎在选择。

有时，朋友往往是最危险的敌人。

经济活动的扩大，社会交往的增多，个人活动的辐射，使"朋友"在当代不能走俏。俗语："多个朋友多条路"，其实"朋友"不仅是"路"还是信息，还是声势，还是捧月众星，还是成交鹊桥，还是躲难的法宝。当然同时是一种头痛，一剂泻药。

"朋友"在中国传统中是两弯相映的明月组合，讲究一个肝胆相照，义字当先，可惜当今正在为一个"利"字浸泡。深圳人对此看得透彻："钱是大家赚的"，意思是朋友互掏钱包当然是正常之道。

如今的朋友确实像一些按摩情感的骗子强盗！

君不见，朋友间搭伙开店，集资办厂，有几个不是亏则扯皮拉筋，赚则打斗红眼的？

一个众人争当掘金客的时代，一个个体意识代替集体意识，存在意识代替理想意识，金钱意识代替事业意识的年月，梁山泊之大秤分金，大块吃肉、大碗喝酒之遗风能不搁浅？

张医生就让"朋友"弄得惨透了。

1990年8月，张医生在桂林进修，碰到一个叫毛玉凤的女人心脏病发作。救死扶伤为张医生信条！马上组织抢救，这以后，两人自然结成朋友。毛玉凤金丝眼镜，文质彬彬，常说要报救命之恩。1990年8月，说自己所在的深圳公司给她分了4个股份，每股2500元，三月后可获利两万，并表示让两股示谢恩。此等朋友、此等友情，张医生不由不信，立即将5000元交给毛。

1991年春节后，毛又对张医生说："上次股红没分，是公司用股红做一笔大生意，三月每股回报3万。因为是老朋友，亲戚我都没给，再让两股给你，每股3000元。"话与情热乎乎的，张医生又把父亲多年积攒的6000元交给毛，毛说她这个朋友"爽"，不久，又把她介绍给自己的儿子小李。

小李对张医生说："你是我妈的朋友，我就算你的干儿子，我一定要在经济上帮你。"

又说："我和北京一个朋友在内蒙古办了个山羊养殖场，做羊皮出口生意，年纯利几十万元，冲你是妈妈的朋友，把一个3万元的股份给你吧，半年赚10万元。"

张医生心想友情难却，况且利大，扯债拉债借了3万元交给小李。

她天天盼分红还债盈利，不料，1991年7月的一天，得到的消息是双方的生意都亏了，张医生只觉得五雷轰顶。

莫非毛某是骗子？不像，因为她的儿子小李又来了，晃一晃50元一扎的现金，拿出一张4万元的欠条，说马上要去买一只价值连城的古瓶，买了回卖150万。

人家举债设法还钱嘛，张医生再次为朋友之情感动，跟着小李去取那价值连城的古瓶。

谁知取到手小李说有事要先走，走后她又给自行车撞了一下，古瓶应声粉碎。

到小李那里去时，小李正拿着菜刀要她赔偿古瓶，张医生因此投资分文未得还给小李开了欠债20万元的欠条。

张医生这以后病倒床上，好在病后向公安局报了案。

公安局说这叫"杀熟"，一种当前极其普遍的宰朋友手段。

"杀熟？"张医生闻所未闻，她不懂朋友之道何以变得这样险恶。

她本能地喃喃一声："既如此，人干嘛还交朋友？！"

张医生的教训是惨痛的，但不算巨大。我们手头到处有"杀熟"的惨剧。

如1991年6月，江苏国营新洋农场姓杨的给深圳一位董姓的朋友骗去600吨大米价值63万；1992年W市210名穷教书匠给一位代理新疆某油田内部债券的朋友涮去100万。著名的"杀熟"例子恐怕得推全国最大贿案犯曾利华。她惯用的手法是以朋友的推心置腹和朋友的热情奔走，帮要房地产项目的"朋友打通关节"，当然，"关节费"是要的，一次是44万元人民币和1000美金，一次是60万人民币和2.8万美元，要到后则大大咧咧地揣到私囊里头。

人们记忆忧新的传销活动害得多少亲朋好友倾家荡产，走投无路。

因此，我告诫大家：不要彻底相信朋友。

这意思是，朋友帮忙对价钱并不划算，杀了还不好说，杀的凶险又随时存在。帮你租门面的朋友也许在当过手钱的房东，帮你资金的朋友也许要收你的高利贷，帮你介绍生意的朋友也许要狠狠杀你一笔回扣。

朋友之情是个软绵绵的玩意，有弹性，有回旋之利，因此人们热衷将它做屠刀的刀把。

软情用硬刀杀，杀着杀着，杀者不料，软情走向硬化！

友情隐藏着商情，友道蜕变为畏途，友谊沉浸于利害，友好则难渡白头。

6. 与人方便，自己方便

帮助了别人，别人会对你感恩，记住，一双善意的手可以成就人生的靠山。

一位哲人说："一个不肯助人的人，他必然会在有生之年遭遇到大困难，并且大大伤害到其他人。"是的，人要想在社会上混是不可能脱离周围这个世界的。你的衣食住行，你的工作娱乐，无不与别人存在着千丝万缕的联系；你的一言一行，你的一举一动，无不对别人产生或大或小的影响。我们必须认识到"我为人人，人人为我"，人与人"相互支撑"是社会生活的法则，从而学会助人，乐于助人。如果你撑一把伞给我，我撑一把伞给你，我们就能共同撑起一个完整而和谐的世界。

帮助别人，从本质上看是一种付出和奉献，但从效果上看，你在帮助别人的同时也获得了人格的提升。况且，有些人因为帮助别人，甚至还得到意想不到的回报。

香港"景泰蓝大王"陈玉书曾言及他创业初期在一公园漫步时，偶尔碰见一女士和她的孩子在玩荡秋千山。由于此女士身单力薄，玩得十分吃力。于是陈先生主动上前帮忙，使她们玩得很开心。临走时此女士留给陈先生一张名片，说以后若需帮忙可以找她。原来此女士竟是某国大使夫人。后来陈先生通过此女士弄到了一张一批运往香港的货物的签发证，从中赚了一大笔钱，由此成为他事业的一个起点。

由此可见，帮助别人，往往也是帮助自己。帮助别人，也是"混"好自己的一个捷径。生活的哲理是：有付出，必有收获；你帮助的人越多，困厄时你得到的回报也就越多。纵观那些各行各业的成功人士，无不是乐于助人、善于借助他人的人。

美国社会心理学家布罗尼克认为，一个人走向成功，必须通过6道关口。在20多岁至30岁是第二道关口——脱颖而出。这期间，多数人投入可观的时间，动脑筋钻研业务，和别人比高低，希望能得到好声誉。然而，有些人为了使自己凸现出来，便会经常地批评别人，贬低别人，对别人不信任；称赞自己，把功劳归于自己。这样，他们就很难得到别人的合作。甚至不得不与其他人处于对抗之中，也就失去了在群体中的地位。这些人往往得不到别人的信任和好感，难于与他人合作，因此，得不到上司的赏识、同事的接纳和合作，常常失去晋升的机会，这样的人也不可能混得好的。

在现实中，有不少人容易将孤独执着为一种性格特征，甚至演化为孤傲、孤僻和孤行等自我中心主义倾向，给自己设置一道成功路上的鸿沟障碍。虽说"古与今圣贤皆寂寞，没有豪杰不孤独"，但这寂寞，这孤独，主要指的是个体独自修炼和工作时一种专注的精神状态，绝非是真正圣贤豪杰们的全部选择。

7. 逢人说话要留神

> 说话看对象要注意选择：见人说人话，见鬼说鬼话，人鬼皆在说胡话。

俗话说"逢人只说三分话"，还有七分话不必对人说出，你也许以为大丈夫光明磊落，事无不可对人言，又何必只说三分话呢？

老于世故的人的确只说三分话，你一定会认为他们很狡猾，是不诚实的。其实说话须看对方是什么样的人，对方如果不是可以尽言的人，你说三分真话已经是不少了。孔子曰："不得其人而言，谓之失言。"对方倘若不是你交往很深的人，你也畅所欲言，对方的反应是怎样的呢？你说的话是属于你自己的事，对方愿意听你说么？彼此关系浅薄，你与之深谈，显出你没有修养；你说的话是属于对方的，你不是他的诤友，又不配与他深谈，忠言逆耳，显出你的冒昧；你说的话是属于国家的，对方的立场如何，你没有明白，对方的主张如何，你也没有明白，你偏高谈阔论，轻言更易招扰呢！所以逢人只说三分话，不是不可说，而是不必说，不该说，这与事无不可对人言并没有冲突。

事无不可对人言，是指你所做的事，并不是必须尽情向别人宣布。老于世故的人是否事事可以对人言是另一问题，他的只说三分话是不必说，不该说的关系，更不是不诚实，更不是狡猾。说话本来有三种限制，一是人，二是时，三是地。非其人不必说。非其时，虽得其人，也不必说。得其人，得其时，而非其地，仍是不必说。非其人，你说三分真话，已是太多；得其人，而非其时，你说三分话，正给他一个暗示，看看他的反应；得其人，得其时，而非其地，你说三分话，正可以引起他的注意，如有必要，不妨择地作长谈，这叫做通达世故的人。

8. 沉默也是一种坚持

当人们都热衷于滔滔不断之时，你不妨选择沉默，沉默自有沉默的妙处。

当人们想把自己的意见表达出来，用以争取别人的认同时，往往会犯一个大毛病，那就是——说话太多；尤其是推销员最容易犯这种毛病。

所以有时你不妨试试这种办法，就是由自己提出问题，让对方畅所欲言。他对自己的问题，必然比你更清楚。所以你应主动先问别人问题，他一定会回答出一些你不知道的答案。

如果你不同意对方的观点，也不要忙着立刻打断他的话，这样做很冒险。因为当对方仍有意见尚未表达完整时，绝不会注意你说什么。所以最好维持良好的风度，耐心的仔细聆听，并且要鼓励对方充分表达他的意见。

有位在报社任职多年的小记者，后来成了一家大企业的公关主任，薪水上升了几倍。认识这位记者的人都知道，他是个身材矮小、口才迟钝又没有任何耀人的学历。这样的人何以在数十个应征者中脱颖而出呢？

原来他在接到面谈通知时，立刻去图书馆资料室，知道了这家企业创办人的生平背景。

从背景资料中他发现这位企业负责人，早年进过牢狱，不过那些不足为外人道的事，这位记者都暗记在心。同时他知道这个大老板在出狱后，从一个路边的水果零售店起家，后来涉足建筑业，最后成为现在的大企业。

这位记者在面谈时，故意装糊涂的说："我很希望在这样组织健全的大企业服务，听说您当年是只身南下闯天下，由一个小小的水果摊开始，到今日领导万人以上的企业，那是真的吗？"

那个大老板有段不堪回首的牢狱生涯，所以从不愿提起过去。不料这个记者能避开那面，直接把出狱后的创业和他南下闯天下连起来。这样他就能名正言顺的说起他的成功史，而且毫无愧色；甚至说到超过面谈时间，大老板还说得意犹未尽。

最奇怪的是，原本面谈应该是应征的说，负责人听。讽刺的是，这位记者几乎不用说任何与将来有关的计划，甚至连自己那毫不傲人的学历也不用提到，只要当听众就行了。

听完大老板志得意满的一段话后，这位记者就换了工作，获得了人人称羡的地位。他用的方法和其他应征者不同，他花时间去研究怎样能让大老板多讲话。从这个例子我们可以看到，鼓励别人多讲话，是交谈的一项绝招。

假如谈话的对方，不能自然地打开话匣子。你可用各种关键语，使对方的舌头润滑一点，这就是"打开交谈之扉"的秘诀。

每个人在找到体贴而值得信赖的听众时，都会想自我夸耀一番。即使是想和外人商量时，也只是希望获得安慰、鼓励、忠告、或突然想起某件事情。这时，你只要以一些轻微的身体语言，像皱皱眉、露出惊愕的表情、或发出叹息，便可得到他的信赖，开始把心中的话一股脑地倾诉出来。

你先确认谈话的主题，然后选择适当的钥匙，慢慢地插入锁孔，轻转一下，就可轻易地打开言语之匣。成为关键的钥匙，不外乎是下面这些话：

"要不要帮忙？"

"是怎么回事？说给我听听。"

"我们好好谈一谈。"

"我想我能为你效劳。"

如此，善加引导对方步上自己铺设好的轨道，启开对方的话匣子。

什么叫口才好的人？说穿了，就是能让对方多讲话的人。

9. 切莫急功近利

办任何事情，都会有得有失，重要的是要学会权衡利弊，权衡得失，决不能急功近到，得了芝麻丢了西瓜。

小朋友都爱看动画片，大人们爱看一夜致富的神话；前者是因为一个不起眼的小女孩，能够顿时飞上枝头成凤凰。而一位遭遇平凡的人，能够因为某个机会，立刻赚得大钱，多么振奋人心，多么引人入胜，令众人羡慕不已！因此，正如拍电影、写小说为追求戏剧效果、吸引观众，必须放弃冗长无聊的细节，而将一个白手起家的富人或一家成功的企业，全归功于一两次重大的突破，把一切的成就全归功于少数几次的财运。戏剧的手法就把漫长的财富累积过程完全忽略了。但是小说归小说，电影归电影，现实生活中不可能有那么肤浅而富戏剧性的事情。

今天我们所面临的难题是好高骛远，看不起小报酬，总希望能找出致富的突破，一鸣惊人，一口吃成一个大胖子，一出击就能有惊天动地的结

124

果产生。但以历史的眼光看问题，绝大多数的富人，其巨大的财富都是由小钱经过长期的时间逐步累积起来的，初期大部分人所拥有的本钱都是很少的，甚至微不足道。一个人想成功，想致富，就必须首先要从心理上摒弃那种"一夜致富"的幼稚想法和观念，这才是投资理财的正常健康的心理状态。

有一位白手起家、靠投资股票致富的人曾说过："现在已经过来了，股票涨一下就能进账数百万元，赚钱突然间变得很容易了，挡都挡不住。回想30年前刚进股市的那段日子，费了千辛万苦才赚一两万元，真不知道那时候的钱都跑到哪里去了。"

这种经历对许多曾历尽千辛万苦、艰苦奋斗、白手起家的人而言并不陌生。万事开头难，初期钱很难赚，等到成功之后财源滚滚，想不要都不行时，又不知道为什么赚钱变得那么容易了。

每个人都渴望有轻轻松松地赚第2个100万、1000万的能耐，达到财源滚滚的境界，问题是要赚第2个100万之前先有第1个100万。但是，怎样才能赚到第1个100万呢？若你想利用投资理财累积100万的话，则需要"时间"，必须要经历长时间的煎熬，熬得过赚第1个100万的艰难岁月，自然能够享受赚第2个100万的轻松愉快。

从复利的公式可以看出，要让复利发挥效果，时间是不可或缺的要素。长期的耐心等待是投资理财的先决条件。尤其理财要想致富，所需的耐心不是等待几个月或几年，而是至少要等20、30年，甚至40、50年。

然而今天我们身处事事求快的"速食"文化之中，事事强调速度与效率，吃饭上快餐厅，寄信用特快专递，开车上高速公路，学习上速成班，人们也随之变得愈来愈急功近利，没有耐性，在投资理财上也显得急不可耐，想要立竿见影。但是，在其他事情上求快或许能有效率，唯有投资理财快不得。根据观察，一般投资者最容易犯的毛病是"半途而废"。遇上不利时期极易心灰意懒，甚至干脆卖掉股票、房地产，从此远离股市、房地产市场。殊不知缺乏耐心与毅力，万事是很难有所成就的。

10. 审时度势方能赢

与人交际，说话办事不能太过于拘泥，适当的根据环境的变化，审时度势选择不同的方法加于引导，可以取到很好的效果。

河南儒生乐羊子的妻子，是一位普通人家的女子，连娘家姓什么也无从查考，但她在劝导丈夫勤学向善所表现出的美德和卓识，一直为人们所称道。

一次，乐羊子在走路时拾到别人遗失的一块金子，回来后把它交给了妻子。妻子说："我听说有志气的人不饮盗泉之水，廉洁方正的人不接受嗟来之食，何况是拾取别人遗失的东西贪图利益而玷污了自己的品行呢！"丈夫听后十分惭愧，便把金子放回原处，而外出寻师求学。

一年后乐羊子回来了，妻子问他什么缘故，乐羊子说："因为长期在外而想家，没有别的情况。"妻子听完，拿起刀走到织布机前说："这绸子从养蚕抽丝开始到一丝一丝地织，一寸一寸地积累，才能织成一匹有用的帛。如果割断这绸子的话，就会前功尽弃，既糟蹋了原料，又延误了时光。你积累知识，应当每天学习自己所不懂的东西，用来成就你的道德和学业；要是学到半路就回来，同割断这绸子有什么不同呢？"乐羊子被妻子的话深深感动了，便又回去进修学业，7年没有回家，终于德成业就。

美国总统林肯曾任过律师。有一次，一位富农诬告一位贫农偷了他的一匹马。为此，这位富农请了能言善辩的律师罗根。老农口舌笨拙，又无钱请律师。林肯知道后，表示愿意以被告律师的身份出庭。

开庭的那天是个大热天，人们只穿衬衫来法庭。原告律师罗根匆忙中穿反了衬衫。开庭后，罗根首先发言，他滔滔不绝的确表现了他对马的广博知识及口才。然后林肯替被告答辩。他一上台就说："罗根先生花了一个多小时谈论关于马的种种情况，为的是要叫我们这些农民从兽医书籍里学些关于马的知识，但我们怎能相信他的话呢？他连自己的衬衫都穿反了。"全场哄堂大笑，原告败诉。

林肯利用了罗根穿反衬衫这一视觉信息，引导人们根本不相信罗根在庭上所讲的一切，仅用几句话就胜了罗根。

1935年，高尔基应邀在苏联作协理事会第二次全体会议上演讲，代表们一见到高尔基便长时间鼓掌，高尔基即兴说："如果把花在鼓掌上面的全部时间计算起来，时间就浪费得太多了。"高尔基的开场白使得全场十分活跃。这种临时适应情境的动态性演讲结构启示大家，如能在辩论时掌握情境的变换和调整，就可更有效地实现说辩目的。

1956年4月，日本农林相河野一郎率代表团去莫斯科参加日苏渔业谈判时，会见了苏联部长会议主席布尔加宁。经过一番寒暄后，布尔加宁按着让客方先行就座的规矩，要河野自己选择室内座位。河野环视了一下室内布置，就近选了一把椅子说："我就坐在这儿吧。"布尔加宁说"好"，便在河野的对面坐了下来。河野后来回忆说，他选的椅子在方向上是背着光线的。所以在谈判中他很容易看出对方的表情，甚至布尔加宁在谈判中露出的倦容也能看清，从而根据他的情绪变化来掌握谈判的进度和措辞。

当一艘船开始下沉时，几位来自不同国家的商人还在谈判，根本不知道将要发生什么事情。船长命令他的大副："去告诉这些人穿上救生衣跳到水里去。"

几分钟后大副回来报告："他们不往下跳。"

"你来照管这里，我去看看。"船长说。

一会儿船长回来说："他们全部都跳下去了。"

"您是怎样让他们跳的？"大副问道。

"我运用了心理学。我对英国人说，那是一项体育锻炼，于是他跳下去了。我对法国人说，那是很潇洒的；对德国人说那是命令；对意大利人说，那不是被基督教所禁止的；对苏联人说，那是革命行动。他们就一个个地跳了。"

"那您是怎么让美国人跳下去的呢？"

"我对他说，他是被保过险的。"

说话办事要有针对性，目标明确，否则，将一塌糊涂，终究将事与愿违。

11. 选择"守拙"，不放弃"糊涂"

真正聪明的人看起来都有点"傻"，而真正傻的人却看起来很"潇洒"。这一点在谈判桌表现得淋漓尽致：聪明人选择"守拙"，而不放弃"糊涂"。

通常的谈判场合，双方所摆出的阵容中往往有首席代表和次要代表、前台谈判代表之分。一方的主谈的回答问题，通常要看一看副谈的态度或副谈的某种暗示，即使他们想非常迅速地把交易做成，也总是表现出一种从容不迫的神态，努力放慢对话的节奏，也就是说，在激烈的谈判中要努力寻找缓冲的时间来思考和斟酌，避免仓促中做出不当的决定。

无论是外交谈判还是商贸谈判，并非人们日常对话那样，你问我答，快言快语，口若悬河，而是千方百计争取时间充分思考，以妥善方式有节奏地回答对方的问题，以免出言不慎而导致不良后果。

在1956年的美苏两国最高领导人的谈判中，苏共领导人赫鲁晓夫自以为比美国总统艾森豪威尔聪明，其实，艾森豪威尔正是采取了绵里藏针的策略。

在谈判过程中，不论赫鲁晓夫提出什么问题，美国总统都是表现得似懂非懂，糊糊涂涂，总是先看看他的国务卿杜勒斯，等杜勒斯递过条子来后，艾森豪威尔才开始慢条斯理地回答问题。当时赫鲁晓夫很看不起艾森豪威尔，认为他智力低下，而他自已作为苏联领袖，似乎知道任何问题的答案，而无须他人告诉他说些什么话，所以当场讥讽地问道："究竟谁是美国的总统？是杜勒斯还是艾森豪威尔？"

其实，是赫鲁晓夫错了，他不了解艾森豪威尔在谈判桌上所表现的特点，正是一种绵里藏针的策略。他这样做，至少已经充分做到了两点：即争取到了思考问题的时间，又获得了别人的提示启迪。绵里藏针，正是一种绝妙的谈判策略。

在谈判过程中，特别是谈判到了紧要关头，也常常需要故意放慢节奏。如：在回答问题前，提议对方把话再说一遍，把问题解说清楚，预先安排一个打岔的机会，如有客来访和有电话要接，突然感到口渴要喝茶；或让对方埋头阅读你当场提供的一大堆资料；或者以不知道一些问题为托辞临时去寻找专家咨询；临时替换谈判小组成员，以造成谈判间歇；不时地休会或者干脆闭会，用电话或电报向有关领导请示等都是非常奏效的方式。

1955年，周恩来总理出席万隆会议，在某国唆使下的一股国际反动势力掀起反华叫嚣，企图破坏万隆会议和与会国同中华人民共和国的关系，顿时会议陷入一片混乱。周恩来作为代表团团长，面对这严峻的场面，马上作出了果断的应变措施，发表了著名的《周恩来在万隆会议上的补充发言》提出了"求大同、存小异"的观点和诚意欢迎各国外交使节亲自到中国大陆来看看……由于整个补充发言充满了诚意和坦率，使那些受蒙蔽的与会国外交使节终于消释了重要疑虑，转敌对情绪为友好态度。当周恩来走下讲台时，许多国家的代表拥向周恩来，亲切握手，称其为"会议的明星"、"带来和平的人物"。

在交谈中不要显得笨拙而又无能，回敬的方法要巧、要当，又不会有失文明和破坏气氛。英国大作家萧伯纳年轻时身体很瘦弱，一次宴会上有一个胖得像猪一样的资本家取笑他说："萧伯纳先生，一见到你，我就知道世界上正在闹饥荒。"在场的人一听此话，不免为萧伯纳捏一把汗，而萧伯纳却彬彬有礼地回答道："我也一样，一见到先生，就知道了世界上闹饥荒的原因。"机敏巧妙的反驳，使在场的人敬佩不已。

12. 处小人于若即若离

君子就是那些为人坦荡、不屑于勾心斗角紧盯蝇头小利之人。而小人恰恰相反，他们是琢磨人的专家。小人是惹不起的，但是我们还选择躲得起。

生活在我们身边的人无非两种：君子和小人。小人的眼睛牢牢地盯着周围的大小利益，随时准备占点便宜，为此甚至不惜一切代价准备用各种手段来算计别人，真是让人防不胜防。因此对付小人没有一套办法是不行的。

唐朝时，有个李林甫，他是唐玄宗手下常伴随其身边的一个奸臣，心胸极端狭窄，容不得别人得到唐玄宗的宠爱。唐玄宗有个喜好，他比较喜欢外表漂亮、一表人才、气宇轩昂的武将。有一天，唐玄宗在李林甫的陪同下正在花园里散步，远远看见一个相貌堂堂、身材魁梧的武将走过去，便感叹了一句："这位将军真漂亮！"并随口问身边的李林甫那位将军是谁，李林甫支吾着说不知道。此时他心里很慌张，生怕唐玄宗喜欢上那位将军。事后，李林甫暗地里指使人把那位受到唐玄宗赞扬了一句的将军调到了一个非常偏远的地方，使他再也没有机会接触到唐玄宗，当然也就永远丧失了升迁的机会。从这里也可以看出，小人的行为真是让人莫名其妙，其心眼极小，为一点小荣辱都会不惜一切，干出损人利己的事来。所以防小人是我们必须学会的本领，即使我们不屑于与小人为伍，我们也不得不防，以减少不必要的麻烦。

唐朝天宝年间，暴发安史之乱。郭子仪率兵平安天下，立了大功，但他并不居功自傲，为防小人嫉妒，他格外小心。一次，朝中有一个地位比自己低的官吏要来拜访郭子仪，郭子仪事先做了周密安排，因家中侍女成群，他让所行的侍女到时候都避开，不要露面。郭子仪的夫人对此举感到不理解，问丈夫为什么这么做？郭子仪告诉夫人说，这个官吏是个十足的小人，身高不足五尺，相貌奇丑，很忌讳别人说他丑。郭子仪担心家人见了这个人会发笑，因而让所有家人都躲起来。郭子仪对这个官僚太了解了，在与他打交道时做到小心谨慎。后来，这个小人当了宰相，极尽报复之能事，把所有以前得罪过他的人统统陷害掉，唯独对郭子仪比较尊重，没有动他一根毫毛。这件事充分反映了郭子仪对待小人的办法既周密又老练。

小人之刁钻，几乎无孔不入。有些小人竟也勇敢的很，不惜牺牲他自己的生命、亲人的生命，或"第二生命"，而与你周旋到底，正所谓舍命陪君子。这时候，就算你有理，也最好避一避此等不要命的小人。小人固然厉害，但我们并不怕他，避开小人是因为我们不值得把太多的精力浪费在一些没有价值的争斗上。一旦把握不好自己的行为界限，得罪小人，他就会想方设法来琢磨你，破坏你的正事，分散你的精力，使你不能安心于工作、学习和生活。

小人不遗余力地陷害别人，就是避免别人胜过自己，谋求心理上的平衡。掌握了小人的这种心理需求，我行不妨投其所好，让小人的心里舒服一些，他们就会把眼光从我行身上收回，转向别处了。

老祖宗告诉我们，为人处世，宁可得罪君子，也别得罪小人，小人的一个手段，足以打乱我们一生的生活。因此，万不可小看小人。君子之流，不肯与小人为伍，但"防"、"躲"却不失为一种选择。

13. 闭口有时是一种明智的坚持

　　嘴是用来吃饭，说话的。就像吃饭饱了就该停嘴一样，说话该闭
口时就闭口，也不失为一种明智的坚持。

　　每个人都喜欢别人认为自己聪明，有才华能干，因此，很多人言谈
举止之间，总是有意无意显示一下自己某方面的优势。如果是同事，朋友
之间这样做，应无大碍，若是在领导面前蓄意显能，往往会给自己带来霉
运。因为你太聪明了，什么事都瞒不过你的眼睛，他就会视你为眼中钉肉
中刺，早晚要铲除掉才安心。

　　三国时期的杨修，在曹营内任主簿，思维敏捷，甚有才名。由于为
人恃才自负，屡犯曹操之忌。曹操曾营造一所花园。竣工后，曹操观看，
不置可否，只提笔在门上写了一个"活"字，手下人都不解其意，杨修
说："'门'内添'活'字，乃'阔'字也。丞相嫌园门阔耳。"于是再
筑围墙，改造完毕又请曹操前往观看，曹操大喜，问是谁解此意，左右回
答是杨修，曹操嘴上虽赞美几句，心里却很不舒服。又有一天，塞北送来
一盒酥，曹操在盒子上写了"一盒酥"三字。正巧杨修进来，看了盒子上
的字，竟不待曹操说话自取来汤匙与众人分而食之。曹操问是何故，杨修
说："盒上明书一人一口酥，岂敢违丞相之命乎？"曹操听了，虽然面带
笑容，可心里十分厌恶。

　　曹操性格多疑，生怕有人暗中谋害自己，谎称自己在梦中好杀人，告
诫侍从在他睡着时切勿靠近他，并因此而故意杀死了一个替他拾被子的侍
从。可是当埋葬这个侍者时，杨修喟然叹道："丞相非在梦中，君乃在梦
中耳！"曹操听了之后，心里愈加厌恶杨修，便想找机会除之。

132

　　曹操率大军迎战刘备打汉中时，在汉水一带对峙很久，曹操由于长时屯兵，到了进退两难的处境。此时恰逢厨子端来一碗鸡汤，曹操见碗中有根鸡肋，感慨万千。这时夏侯惇入帐内禀请夜间号令，曹操随口说到："鸡肋！鸡肋！"于是人们便把这句话当做号令传了出去。行军主簿杨修即叫随军收拾行装，准备归程。夏侯惇见了便惊恐万分，把杨修叫到帐内询问详情。杨修解释道："鸡肋鸡肋，弃之可惜，食之无味。今进不能胜，退恐人笑，在此何益？来日魏王必班师矣。"夏侯惇听了非常佩服他说的话，营中各位将士便都打点起行装。曹操得知这种情况，以杨修造谣惑众，扰乱军心罪，把他杀了。

　　俗话说得好："聪明反被聪明误。"应该肯定，杨修是一个绝顶聪明的人，问题在于他被聪明所误。处处都要露一手，所谓"恃才放狂"，不顾及别人受不受得了，不考虑别人讨厌不讨厌，而这个别人，却是曹操这个恃才傲物的顶头上司。于是，针尖儿对麦芒，杨修终于送掉了自己的小命。

　　这里，杨修智慧超人，却因过于自负，不给曹操留一点面子，而丧了性命，这是每一个想以"聪明"博得上司欢心的下属应该吸取的一条教训，曹操的"鸡肋"、"一盒酥"及门中的"活"字等，都是一种普通的智力测验，是一种文字游戏。他的出发点并不是真为了给大家出题测试，而是为了卖弄自己的超人才智，因此，他主观上猜着了，也只能含而不露，甚至还要以某种意义上的"愚笨"去衬托上司的"才智"。但是，杨修却毫不隐讳地屡屡点破了曹操的迷局。虽然说杨修锋芒外露，好逞才能，因此而赔上了自己的性命，未免太可惜了。杨修聪明反被聪明误的故事告诉我们：欲利用上司的下属，必须要具备良好的素养，处处想到表现自己，放任自己，无视上司的自尊心和心理承受能力，锋芒毕露，咄咄逼人，必然会招来上司的忌恨，引火烧身。

　　由此看来，郑板桥的"难得糊涂"倒真是处世之道的至理名言了。面对上司，想必每个人都有"伴君如伴虎"之感。因此，我们要学会降虎之术，那就是让自己显得笨一点、愚一点，让上司显得英明一些，高大一些，这样我们这些"笨头呆脑"的家伙，在他眼里也就会可爱许多了。

是凡大智者，无不是"愚"人。只有不失时机的说话，恰到好处地闭口，才能在与上司的周旋中，明哲保身。

14. 后悔，不是真正的英雄

知足的人会选择，会选择的人懂得什么叫满足。既然都选择了，就谈不上什么后悔，把你的选择坚持下去才是实在的。

隔壁的小两口又在吵架了。

男的说：没见过像你这样蛮不讲理的女人。女的说：真不假，我也没见过像你这样粗鲁蛮横的男人。男的又说：你看看人家兰兰妈，多温柔体贴，多会操持家务，哪像你整天就知道围着牌桌不下场！女的反唇相讥：还好意思说，你也不看看小军他爸，人家上两个班，还经常写字画画发表文章赚外快，哪像你就知道喝酒聊天瞎胡吹！

俗话说：老婆是人家的好，孩子是自家的亲。

现实生活中的确存在这种现象。回想当初，他（她）不也是你的最佳选择吗？若不然你又何必与他（她）结婚呢？两个人经过一段婚姻生活后，婚前的新鲜感已荡然无存，对方的缺点也暴露无遗，这时便生出许多感叹埋怨来：当初要不是怎么怎么，我才不会看上你呢……

写到这里，我忽然想起一个关于苹果的故事：

上帝拿出两个苹果，让一幸运男子挑选。这男子权衡再三，终于下定决心，选了其中认为最满意的一个。上帝含笑赐予，他千恩万谢，接过后转身离去。突然，却反悔想调换成另一个，回头上帝已不见了，他只得耿耿于怀过了一生。于是，上帝叹道："人啊，总是期待那些未到手的，而不好好珍惜手中所有，怎么可能获得幸福呢？"

上帝之言千真万确！常言道：这山望着那山高，到了那山更糟糕。人心不足蛇吞象，说的就是这个道理。其实你认为最好的也未必适合你，现实生活中这类事例比比皆是。告诉自己，自己的爱人才是当世无双最最完美的理想伴侣。只有这样，你的心理才能平衡，你的心情才能舒畅，你才能活得坦然，过得洒脱。

15. 爱需要选择，不要放弃

你真的了解你的内心吗？从长远的幸福出发，请不要轻易下结论，请不要盲目选择。

晴是我的一个朋友。她恋爱时，很少有快乐的时光。每次坐在一起聊天，她就会向我抱怨自己的男友是一个不懂一点浪漫的木头。她经常忍不住发生质疑：他对我的爱，到底在哪里。后来她遇见了一位把口哨吹得很响亮，情话说得很动听的帅哥。他们在一次周末舞会上相识。没有男伴的女友一个人坐在角落里充当壁花，神情有些尴尬。

这时，他出现了。一双黑亮得几乎深邃的眼睛看着她，伸出手邀请她跳第一支舞曲。他的热情和风度容不得她有半点的抗拒。"你知道吗？他当时的样子真是潇洒极了。是我梦中白马王子的形象。"

"他会在春天的夜晚，爬过几米高的围墙为我偷来隔壁花园里的玫瑰花。周末时，请我出去吃大餐，跑了几条街，买回那件被我相中的棉布长裙。他……"

"那你的现任男朋友怎么办？"她还想说下去，我却忙不迭地用话打断。

那次谈话，我们不欢而散。我见过她的男友，是一个非常憨厚诚恳的男人。

凭一个女孩敏锐的直觉，这样的男子是值得托付终身幸福的。我不想看到自己的女友为了几朵玫瑰而放弃整个春天。或者只因为一场动人的舞会而任意放逐手心里已经把握住的幸福。再见她，已是一年之后的春天，阳光很明媚。她是来给我送喜帖的。

没敢问她，新郎是谁，因为不想听见那个预知的结果从她口中说出来，破坏了这春日午后和谐美好的气氛。

但最后告别之前，还是忍不住问了她："他怎么办？"

"木头？"女友的眸子里盛满了笑意，仿佛是早已猜到我会这么问似的。

"嗯。"我窃窃地应答，还是掩饰不住语气里的一丝担心。

"他就是我明天要嫁的那个人。"

"什么？"因为吃惊，我的声音提得很高。

答案的确出乎我的意料。

"那是去年冬天的事儿了。"

晴啜了一口杯中的绿茶，晶莹的玻璃杯中绿色的茶叶被轻轻荡起，然后又慢慢沉入杯底。

她开始给我讲他们的故事：

"那段时间我一直在考虑怎么和他提出分手。好几次，话到嘴边又咽了回去，一看到他眼中真诚关切的目光我就不忍心打击他。

因为每天和当时的那个他出去约会，都会玩得很晚。在到达我的住所前一定会经过他的房间。那天我回去时，已经很晚了，天正在下雪。快入冬了，天气非常寒冷。

我裹紧大衣，走过他屋前时，发现门是虚掩着的。平日里匆忙来去都没有注意什么，只是那天真的已经很晚了，别人的房间门都是紧闭着，漆黑一片的。

只有他的房间，透过虚掩的门缝还投射出些许温暖的灯光，照亮了我脚下的路。一段本来漆黑孤独的路，因为有了一丝微弱烛光的照耀而变得格外温馨。于是，寒冷被驱散了。

而且我可以猜到的是，每次他都是这么等我回来的。每次直到看着我平安回来，才肯放心熄灯睡下。刚才就在我回眸的一瞬间，他才慌忙把门掩上了。而我和别人的每次约会，他都是这么无声地等我回来的。"

第二天我做的第一件事就是和那个男孩提出分手。他难以置信地看着我，不发一言。

但我很坚定，告诉他，我已经找到一辈子要爱的那个人。

温暖的阳光穿过茂密的绿叶，照进来。晴的眼角闪动着幸福的泪花。

什么是爱？什么是不爱？爱与不爱，真的只差一字而已，可需要我们费尽全心去选择，不要轻易放弃。

16. 人不可貌相

看人是一门很高深的学问，据说有的人从走路方式和表情，即可判定一个人的性情。但如何择友用人这里头还真是有道的。

如果你有看人识人的功夫，那么就不怕碰上心术不正的"坏人"了，不过那种看人的功夫不是谁都能学得到的，也不是三二天就能学得到的，而且，你还不一定会有耐心去学。可是我们每天都要和许多不同性情的人共事、交往、合作，对"看人"没有一点能力还真是不可以的。

不过你若无研究，千万别把书上看来的那一套面相学搬到现实生活使用，因为这会使你看错人，把好人看成坏人，或是把坏人看成好人。把好人看成坏人对自己来说没有太大关系，但若是把坏人看成好人，那对自己的伤害可就太大了。

那么我们要如何来看人呢？

有位专家和我谈到这个问题时，向我提出这样的建议：用"时间"来看人。

所谓用"时间"来看人，就是指通过长期观察，而不是在见面之初就对一个人的好坏下结论，因为太快下结论，会因你个人的好恶而发生偏差，从而影响你们的交往。另外，人为了生存和利益，大部分都会戴着假面具，你所见到的是戴着假面具的"他"，而并不是真正的"他"。这是一种有意识的行为，这些假面具有可能只为你而戴，而扮演的正是你喜欢的角色，如果你据此判断一个人的好坏，并进而决定和他交往的程度，那就有可能吃亏上当或气个半死。用"时间"来看人，就是在初次见面后，不管你和他是"一见如故"还是"话不投机"，都要保留一些空间，而且不掺杂主观好恶的感情因素，然后冷静地观察对方的行为。

一般来说，人再怎么隐藏本性，终究要露出真面目的，因为戴面具是有意识的行为，时间久了自己也会觉得累，于是在不知不觉中会将假面具拿下来，就像前台演员一样，一到后台便把面具拿下来。假面具一拿下来，真性情就出现了，可是他绝对不会想到你会在一旁观察他。

用"时间"来看人，你的同事、伙伴、朋友，一个个都会"现出原形"。你不必去揭下他的假面具，他自己自然会揭下来向你呈现真面目，展现真实自我的。

所谓"路遥知马力，日久见人心"，用"时间"来看人，对方真是无所遁逃。

用"时间"特别容易看出以下几种人：

• 不诚恳的人。因为他不诚恳，所以对人、对事会先热后冷，先密后疏，用"时间"来看，可以看出这种变化。

• 说谎的人。这种人常常要用更大的谎言去圆前面所说的谎话，而谎话一说多说久了，就会露出首尾不能兼顾的破绽，而"时间"正是检验这些谎言的利器。

• 言行不一的人。这种人说的和做的是两回事，但通过"时间"，便可发现他的言行不一。

事实上，用"时间"可以看出任何类型的人，包括小人和君子，因为这是让对方不自觉的"检验师"，最为有效。

至于多久的时间才能看出一个人的真性情真本质，如果是许多年，这似乎是长了些，但如果说就需一个月又短了些。那么到底多长的时间才算"标准"？这并不能做出规定，完全因情况而异，也就是说，有人可能第二天就被你识破，而有人二三年了却还"云深不知处"，让你摸不清楚。因此与人交往，千万别一头热，先要后退几步，并给自己一些时间来观察，这是最起码地保护自己的方法。

17. 择友就择诤友

人的一生受到朋友的影响是相当大的，很多人因为朋友而成功，也有很多人因朋友而失败，甚至因朋友而倾家荡产，妻离子散。

害怕因为朋友而失败，那不交朋友可以吧？

事情并不是那么简单，因为没有朋友，也就差不多无路可走，寂寞一生了，即使你闭紧心扉，还是会有人来用力敲。当有人来敲你的心扉时，你应还是不应？应的话，可能那是个坏朋友，不应的话，可能失去一个好的朋友。

因此，你总是要面对"交朋友"这个问题的。交到好的朋友，你可能会受益一生，得到无限的乐趣，至少不会受到伤害。而若交到坏的朋友，想不走入歧途、不倒霉是很难的。

千人千脾气，万人万模样。人有很多种，在对待朋友的态度上也有很多种类型，有每天说好话给你听的，有看到你不对就批评、指责你，有热情如火、喜欢奉献的，也有冷漠如冰，只考虑个人利益的；有憨厚的，也有狡诈使坏的……

这么多类型的朋友，好坏很难分辨，而当你发现他坏时，常常是来不及了，因此平时的交往经验极为重要。

不过有一种类型的朋友肯定是值得交往的，那就是会批评、指责你的朋友。

和只会说好话的朋友比起来，那些只知道批评、指责你的朋友是令人讨厌的，因为他说的都是你不喜欢听的话，你自认为得意的事向他说，他偏偏泼你冷水，你满腹的理想、计划对他说，他却毫不留情地指出其中的问题，有时甚至不分青红皂白地就把你做人做事的缺点数说一顿……反正，从他嘴里听不到一句好话，这种人要不让人讨厌也真难。

但是这种朋友，如果你放弃，那就太可惜了。

基本上，在社会做过事的人都会尽量不得罪人，因此多半是宁可说好听的话让人高兴，也不说难听的话让人讨厌。说好听的话的人不一定都是"坏人"，但如果站在朋友的立场，只说好听的话，就失去了做朋友的义务了；明明知道你有缺点而不去说，这算是什么朋友呢？如果还进一步"赞扬"你的缺点，则更是别有居心了。这种朋友就算不害你，对你也没有任何好处，大可不必浪费时间和这样的人交往。

但实际上的情形如何呢？很多人碰到光说好话的朋友便乐陶陶，不知是非了；其实他们顺着你的意思说话，让你高兴，为的就是你的资源——你的可以利用的价值，很多人被朋友拖累就是这个原因。

比较起来，那些让你讨厌，像只乌鸦，光说难听的话的朋友就真实得多了。这种人绝对无求于你（不挨你骂，不失去你这个朋友就很不错了），他的出发点是为你好，这种朋友是你真正的朋友。

也许你不相信我所说的，那么想想父母对待子女好了。

一般父母碰到子女有什么不对，总是责之、骂之，子女有什么"雄心壮志"，也总是想办法替他踩踩刹车，不让他脱缰而去；为的是什么？是为子女好，怕子女受到伤害，遭到失败。这是为人父母的至情，只有父母才会这么做。

朋友的心情也是如此的，否则他为何要惹你讨厌？说些好听的话，你说不定还会给他许多好处呢。

只有经常批评、指责你的人才是你人生的导师。

18. 三教九流择其善

多个朋友多条路，三教九流的朋友都要交，但要审慎选择。有的可以若即若离，有的可以推心置腹。

在纷繁的大千世界，人是形形色色的，选择朋友不是一件容易事。"万两黄金容易得，知心一个也难求"的老话，是旧社会人们极言交友之难。但是不是因此就要少交朋友了呢？或者一强调交友的审慎，就认为这个也不可靠，那个也信不过呢？当然不是。人既然是社会的人，处在各种社会关系之中，交友是必然的，不但要有生死与共、患难不移的朋友，也要善于和有这样那样的缺点错误甚至是反对自己的人交朋友。

他山之石，可以攻玉。广泛地结交那些不同职业、不同爱好、不同身份的朋友，有时也能相得益彰。

唐代画家吴道子出身贫寒，后来为唐明皇召入宫中做供奉，与将军裴旻、长史张旭结交为友。在洛阳，裴旻请吴道子到天宫寺作画，厚赠以金帛，被吴道子谢绝，只求观赏裴旻的剑术。于是裴旻拔剑起舞，吴道子

"观其壮气"奋力挥毫，写出了绝妙的草书。

"兼听则明，偏听则暗。"结交各式各样的朋友，对于取长补短，开阔视野，活跃思维，都是有益的。毛泽东同志的经历是很发人深省的。他胸怀博大，善于结交各种各样的朋友。在青少年时期，他发出了一张《二十八划生征友启事》，和蔡和森、陈潭秋等人组织了新民学会，结交了一大批有志之友。投身革命后，在他身边，有朱德、周恩来等一批亲密战友。同时，毛泽东同志也有许多平民朋友，民主党派的朋友，如李淑一、周士钊、柳亚子等，都和他结下了深厚的情谊。通过这些朋友，广泛地了解社会各阶层党派的情况，为制定党的方针政策，为发展统一战线，做出了巨大贡献。

既要广泛交友，又要审慎选择。如何做到这一点呢？正如鲁迅先生曾经说过的："我还有不少几十年的老朋友，要点就在彼此略小节而取其大。"略小节，取其大，就是不斤斤计较不足，而要从大处着眼。看人首先看大节，不是盯住对方的缺点错误不放，而是用发展的，变化的观点看人。如果不是略其小，取其大，就不能与人为善，就不能全面地客观地评价一个人，就可能一叶障目，不识泰山，就可能把朋友推开，就可能得不到真正的友谊。

古语云："君子之交淡如水，小人之交甘若醴。"这仍应成为我们今天的交友之道，同志之间的交往也要摒弃庸俗的旧习，不要把友谊浸在利己主义的杯水中。让友谊的春风扫荡那些阴霾污浊之气，吹进每个人的心扉。

19. 做老二，不要不自量力

做老二有做老二的好处；做老大有做老大的难处。

几年前看过一篇工商人物的专访报道，受访者是一位电脑业的老板，这位老板在提到他的企业与另一家企业孰大孰小的问题时，他说他不想去跟那一家比，也不必去跟它比，他强调他采取的是"老二政策"。他说，当"老大"不容易，因为不论研发、行销、人员、设备，都要比别人强，为了怕被别的公司赶超过去，便不断地扩充、投资；换句话说就是要花很多力气来维持"老大"的地位。他认为这样太辛苦了，而且一旦出现问题，不但老大当不成，甚至连想当老二都不可能。

这只是他个人的想法，因为并不是当"老大"就一定会很辛苦，有人就当得轻松愉快，因此，当老大、老二或老三完全是观念问题。不过这位老板所说的却也是事实——当"老大"的要费很多力气来维持"老大"的地位。

不只从事企业经营如此，上班拿薪水也是一样，像主管就是该部门的"老大"，这个老大为了保住他的位子，不但要好好带领手下，还要和上级搞好关系，以免位子不保。有成绩的时候，主管当然功劳第一，但当有过失时，主管同样也是首当其冲。而当副主管的就没这么多麻烦，表面上看来他不如主管风光神气，但因为上有主管遮风避雨，可省下很多辛苦。所以很多人宁可当副手而不愿当主管，有人当副手时没事，一当主管就生病的，可见当"老大"的难处。

说了这么多，我并没有教你别当老大的意思，我认为，如果你有当老大的本事，也有当老大的兴趣和机会，那么就去当吧。但如果你自认能力有限，个性懒散，那么就算有机会，也不要去当老大，因为当得好则好，没当好一下子变成老三老四，不但对自己是个打击，更会造成这样的批评："某某人不行"、"某某人下台了，听说很惨"……这些批评对你都是不利的。中国人一向扶旺不扶衰，你一旦从"老大"的位子摔下来，就会有人落井下石，于是本来还可当老二的，却连要当老三老四都有问题了。经营企业也是如此，"龙头老大"的位子一旦不保，就会给人"某某公司倒了"的印象，于是兵败如山倒，想力挽狂澜恐怕没有那么容易。

"老大"之路真是一条不归路啊！

所以，当"老二"的确也有其实际的地方，这也就是许多人宁当"老二"不当"老大"的原因所在。

其实当"老二"还有其他的好处：静看"老大"如何构筑、巩固、维持他的地位，他的成功与失败，都可作为你的经验和指标；可趁此机会培养自己的实力，以迎接当"老大"的机会（假如你有当"老大"的意愿的话）；因为志不在"老大"，所以就不会太急切，造成得失心太重，不会勉强自己去做力不从心的事情，反而能保全自己，也会降低失败的概率。

总之，做事或经营企业，无论从老二、老三或老五做起都没关系，就是先不要当"老大"。有一段童谣是这样说的："老大屁股大，裤子穿不下"，所以说当"老大"麻烦真的很多。如能好好地当"老二"，当主客观条件具备，自然就会变成"老大"，这个时候的老大才是真正的老大。

20. 努力是回应侮辱的最好方法

> 从别人的轻蔑中，可以看出自己的微不足道，上进的人会拿别人的"白眼"做梯子，一步步青云直上坚持到底。

在林肯尚未发迹时，曾是一个毫无声望的年轻律师。有一次，他为了一件重要的诉讼事件赶到芝加哥，当地的几个著名的律师，对他毫无欢迎的表示，他跑去拜见，也到处受人白眼。因为那些律师自视甚高、目中无人，认为自己和这样一个年纪轻、资格浅的人往来，未免有失身份。

那么，林肯怎样看待他们的侮辱呢？他把眼睛抬得更高，也用鄙视的态度来答复他们吗？不！如果他这样做，恐怕后来也不会享有那么大的名望了。

当他回到斯普林非尔时，他对别人说："我从他们的白眼中，看出自己的学识经验，实在还远不够用。我发现自己应该学习和尚未学习的事还多哩！"

侮辱的结果，促使林肯更加努力上进，后来果然爬到了很高的地位，当了总统。而那些从前侮辱过他的人，却还在做个平凡的律师。林肯抓住了他们送给他的"轻视"，拿来当做一架梯子，一步步地青云直上。

当然，鄙视轻蔑和调戏嘲弄是不同的，但它们产生的效益却是一样的。从前罗斯福总统就曾大大受过朋友嘲弄的恩惠。那些朋友们对于他丑陋的长相和虚弱的体格常常调笑，因此激起了他的奋发心，到西部去把身体练好。当他被人戏弄时丝毫不为保住面子而竭力辩解；反之，他对于他们的指责，完全坦然接受下来。

有一天，他在北德兰德斯，与许多同伴砍伐一块空地上的树木，以便在那里建筑一栋屋子。当傍晚下工时，工头问他们每人砍了几株，有一个喜欢开玩笑的工人说："皮尔砍了三十五株，我砍下四十九株，罗斯福则只有十七诛；但他更辛苦，因为他是用牙齿咬下来的。"罗斯福在旁听了，想想自己所砍下的树，切口上确实是斧迹高低不齐，好像咬下来的一般，不禁连自己也好笑起来了。他老实承认自己的成绩，比起别人的，确实是相差很远。

又有一次，那时罗斯福是北德兰德斯牧场的主人，常常出外打猎，他为了知道射猎山羊的诀窍，打听到某处有一位著名的猎师，名叫威尔斯，便写信去请他来做教师。那封信的末尾说："你想如果我去猎一只白山羊，能够如愿以偿吗？"

那位猎师原是一个粗人，不懂礼貌，就在罗斯福那张信纸的背面，写了一封回信说："假使你的猎术没有你的写信技术高明，那你即使看见山羊从你面前奔过，你也休想碰掉它的一根毫毛"。

如果罗斯福是一个好高自大、不能忍受丝毫侮辱的人，他接到这封回信一定会勃然大怒，绝对不会再向那得罪他的猎师请教了，但他当然不会这样做。他打了一个电报去，请那位猎师立刻动身前来。

罗斯福深知那位粗鲁但爱讲老实话的猎师，比一些只知百般谄媚奉承、对于自己的话言出必从的人好得多。

21. 别把烧红的铁冷却

把自己当成一块烧红的铁，把别人泼过来的冷水汽化，而不要被它冷却。

许多年前美国有一位十六岁的年轻小伙子，在一家著名的五金公司当一名收银员，每个月领着极微薄的薪水，但仍然心满意足地卖力工作，因为他希望能通过自己脚踏实地的工作，使自己步步高升，最终达到前途无限。所以他做起事来，永远抱着学习的态度，处处小心留意，想把工作做得十分完美。他希望能够获得经理的赏识，提升他为推销员。谁知他的经理对他的印象却恰好相反。

有一天，他被唤进经理室遭到了一顿训斥，经理告诉他说："老实说，你这种人根本不配做生意。但你的臂力健硕无比，我劝你还是到铁厂里当一名工人去吧！我这里用不着你了。"

这一番训斥侮辱，对于那位小店员真如平地响雷，他想不到素来自以为做得不错的成绩，会得到这样相反的结果。一个年轻气盛的人，踏入社会不久，便遭受这样严重的打击，换了别人谁也受不了。他们定将气得暴跳如雷，从此做起任何事情来，都要抱着消极的态度，不肯"劳而无功"了。但那位青年并没有这样做，他虽被辞退，但仍有他自己的理想。他要在被击倒的地方重新爬起来，争取更大的成绩。

"是的，经理，"他说："你当然有权将我辞退，但你无法消磨我的意志。你说我无用，当然，这也是你的自由，但这并不减损我丝毫的能力。看着吧！迟早我要开一家公司，规模比你的大十倍。"

他并没有吹牛，他说的句句是实话，从此他借着这次打击的激励，努力上进，几年后，果然有了惊人的成就。也许你还不知道他是谁吧？他就是美国鼎鼎大名的玉蜀黍大王史坦雷先生。

假使没有这次的刺激，史坦雷先生当然也会努力奉公，力求上进的，但即使他能如愿以偿，结局也不过是他成了一名五金公司的推销员而已。可是他在经理的一顿训斥后惊醒，立刻打消了他那"心满意足"的心理，抓住了更大的目标。这才能从一个无名的小店员，一跃而成为世界闻名的"大王"。足见有时受一次严重的打击，往往能够使我们获得莫大的益处。

美国汽车公司总裁伍德先生，出身国会议员，仗着从前在国会演说时，常常博得听众拍手喝彩，便认为自己是一个能言善辩的演说高手，以此自满自足，洋洋得意，因此便闹出了下面的一个笑话来。

有天晚上他登台演说，对象是一群目不识丁的煤矿工人，而且其中多半是来自外国，对于英语茫然不懂，但因仰慕他大名，或者被迫前来受教，所以，那天演讲台前仍旧被人们挤得水泄不通。伍德看到这种空前盛况，愈发以为自己的演说确有惊人的魔力，能吸引这么多的群众，前来热心听讲。当他演讲进行时，听众时时掌声如雷，于是他愈加兴奋，将音量放大，尽量发挥他的"天才"。

演说终了下台后，伍德满面春光，洋洋得意地对他身边的一位新闻记者说："我的演说还算不错吧！他们似乎都听得入迷哩。"

新闻记者冷冷地答道："可是你或许不知道，听众懂得英语的只有三五个人吧"。

伍德大失所望，但仍半信半疑地说；"但是他们为什么常常对我鼓掌喝彩呢！"

"你演说时没有注意到吗？"新闻记者说："那些人的拍手喝彩，都是由一个懂得英语的工头从中领导指使的。"

后来第二个人上台演讲时，伍德仔细观察台下情形，果然跟那位新闻记者所说的一样，而且那个在指挥的人，显然也不太高明，遇到不应拍手的时候，也带领群众狂热地拍起手来。

后来伍德和人谈起这事时，还说："从那次以后，我才开始对我自满已久的演说术，重新抱持怀疑的态度，不敢妄自夸大了。"

22. 坚持人际投资，必有后报

投资人际关系，这是一种最划算的投资，选择先存再提，持之以恒必有后报。

很多人都有一本或数本的银行存折，如果你一个月存500元，到了年底，你会发现，存折上不只是变成6000元，而且还有利息，这笔钱若提出来，用途还不少。

人际关系也是如此。

我认识一位出版商，他平时即很注意人际关系的建立，不论是大人物或小人物，他都不吝花费地和他们建立关系。据说有一位与他并未谋面的作家因为急需，去向他借钱，他二话不说就掏出2000元。他广建人际关系的结果是，到处都有人帮助他，他也因而得到很多好稿子。后来他在危急时，有很多人帮他渡过难关。

他就是用在银行存钱的方式建立他的人际关系——先存再提！

"先存再提"说来有些"现实"，有"利用、收费"的味道，但若从另一个角度来看，和别人建立良好的人际关系本来就有着这样的好处，不能光用"现实"的眼光来看；而这些人际关系，必成为你这一生中最珍贵的资产，在必要的时候，会对你产生莫大的效用。就像银行存款一样，少量地存，有急需时便可派上用场。而别人对你的善意的回报，有时是附带"利息"的,就好比银行存款生利息那般。

那么如何"积存"人际关系呢?

积极的做法是:

1. 不忘给人好处。大好处别人会受宠若惊,以为你别有居心,而采取自卫的态度;因此宜从小好处给起,但要给得自然、有诚意。这是运用人性中的贪小便宜,相当有效。

2. 不忘关怀别人。"关怀"没有标准,实质的关怀、精神的关怀都可以,在对方不得意或生活遭遇困难时,这种关怀特别具有力量。

消极的做法是:

1. 不得罪别人。得罪人对人际关系的伤害很大,如果不能主动积极地去建立关系,至少也不可轻易得罪人。

2. 不在乎被人占便宜。被占便宜看似一种损失,其实是一种投资,因为对方会觉得有所亏欠,恰当的时候便会有所回报。当然,太大的亏是不能吃的,但如果明知讨不回公道,那就不如认了。另外,有些人占了便宜还卖乖,而且也没有亏欠之心,对这种人不必有所期望,但让他占便宜总比得罪他好。

人际关系的建立,方法并不只我说的那几种,但只要了解"人际关系的建立和在银行存款一样"的道理,方法再笨拙,总会有效果出现。

23. 别光惦记着老虎

在我们选择的过程中,我们太多地考虑了别人对我们的付出,而没有想到别人需要我们什么样的付出,所以我们的面前常出现一堵墙。

正在上班。朋友突然神秘地说:"做一个心理小测验如何?""说吧"我好奇心顿起。有五种动物，听好了，老虎、猴子、孔雀、大象、狗。你到一个从未去过的原始森林探险。带着这五种动物，四周环境危险重重，你不可能都将它们带到最后，你不得不一一地放弃。你会按着什么样的顺序放弃呢？

考虑良久之后我说：孔雀、老虎、狗、猴子、大象。哈哈哈……朋友大笑起来说：果然不出所料，你也首先放弃孔雀。知道孔雀意味着什么吗？朋友一一向我解释：孔雀代表你的伴侣、爱人；老虎代表你对金钱和权力的欲望；大象代表你的父母；狗代表你的朋友；猴子代表你的子女。这个问题的答案意味着在困苦的环境中你会首先放弃什么，让你看看你自己是什么样的人。孔雀代表我的爱人？！我一下惊呆了。在困苦的环境中我会最先放弃我的爱人？我是这样的人吗？在选择中，我为什么首先放弃孔雀呢？因为我觉得孔雀是在艰苦的环境中最不能帮助我的东西。我对朋友的评价很不以为然。于是开始让许多人来做这个游戏。正像朋友说的那句话，无一例外首先放弃的都是孔雀，当我最后揭示答案，许多人的反应也正像我的反应一样。甚至有人说：设计这个游戏的人，一定心理不太正常。

有一天我给一位朋友打电话的时候突然想起了这个问题，于是也让他做。这个男人考虑很久之后对我说：猴子，老虎，大象，狗，孔雀。我大吃一惊，他是我遇到的唯一一个最后选择放弃孔雀的人。为什么最后放弃孔雀？我一个劲地追问。他对我的问题倒吃了一惊，说：是啊，你想想，在这所有的动物中，唯有孔雀是最没有保护自己的能力的，我怎么能轻易放弃，让她陷身于一个危险的环境中呢？

我顿时明白了我的悲哀。

这个世界上谁瞧不起你都行，但是你自己瞧不起自己，这就太糟糕了。

工作也一样。好工作值得好好干，不好的工作嘛就凑合着干。是金子

150

就应该放出它的光亮来，可是，当我们面对生活的挫折和不平坦的路程的时候，我们却常常把自己的金价贬值。

王亮原来在某公司的营销部当经理。一天突然接到人事部门调令，调他去供应部当经理。在公司，供应部的地位哪里会比得上营销部呢？王亮心想如此一调，不就是明摆着对自己不满意嘛，看来前途不妙。以前王亮从事销售工作，整天往外跑，很合乎他的个性，如今，要他整天待在办公室里搞物资调动，和那些器材报表打交道，实在是有些受不了。开始的时候，王亮一直闷闷不乐，心灰意冷。后来他自己忽然想到一个问题：为什么我以前对自己信心十足，当上了供应部经理后没有呢？他思之再三，突然领悟过来："这是因为我自己的期待值无形中随着部门的调动而降低了，我失去了自我上进的动力。"于是，他开始把精力投入新的工作，慢慢地发现供应部也有自己的用武之地。而且，供应部对整个公司来说，起着举足轻重的作用，只是大家平时把它忽略了而已。王亮重新找到了"工作的意义"，一改以往消极拖沓的作风，变得充满自信，工作起来如鱼得水，得心应手。他的积极态度也感染了下属。

由于出色的工作成绩，供应部获得总公司颁发的两次特别奖金。不久，王亮收到一张人事调令，他被提升为公司的副总经理。

削足适履的成语故事我们大家可能都听说过，但心里会想那只是个故事而已，现实中哪会有如此傻蠢的人呢，削砍自己的脚去适应鞋子的尺码，更绝不会把它同自己联系起来。果真如此吗？

有些时候，我们不可能完全如意地挑选那些又重要又体面的工作，很可能要被动地接受一些工作安排。这时候要心中清楚：不要让自己降低标准去适应工作，而应按自己的才华提升工作标准，不要干削足适履的傻事。

24. 自强自立，活出你的个性来

　　一个自强自立的人，必定拥有独立的人格。完全附和别人的意志，即使有所成就，也是一种得不偿失的选择。既然选择了自己的个性，又何必在别人的言语中放弃？

　　一位名叫奥齐的中年人，对于现代社会的各种重大问题都有着自己的一套见解，如人工流产、计划生育、中东战争、水门事件、美国政治等等。每当自己的观点受到嘲讽时，他便感到十分沮丧。为了使自己的每一句话和每一个行动都能为每一个人所赞同，他花费了不少心思。他向别人谈起他同岳父的一次谈话。当时，他表示坚决赞成无痛致死法，而当他察觉岳父不满地皱起眉头时，便几乎本能地立即修正了自己的观点："我刚才是说，一个神志清醒的人如果要求结束其生命，那么倒可以采取这种做法。"奥齐在注意到岳父表示同意时，才稍稍松了一口气。

　　他在上司面前也谈到自己赞成无痛致死法，然而却遭到强烈的训斥："你怎么能这样说呢？这难道不是对上帝的亵渎吗？"奥齐实在承受不了这种责备，便马上改变了自己的立场："……我刚才的意思只不过是说，只有在极为特殊的情况下，如果经正式确认绝症患者在法律上已经死亡，那才可以截断他的输氧管。"最后，奥齐的上司终于点头同意了他的看法，他又一次摆脱了困境。

　　当他与哥哥谈起自己对无痛致死的看法时，哥哥马上表示同意，这使他长长地出了一口气。

　　他在社会交往中为了博得他人的欢心，甚至不惜时时改变自己的立场。就个人思维而言，奥齐这个人是不存在的，所存在的仅仅是他人做出

的一些偶然性反应；这些反应不仅决定着奥齐的感情，还决定着他的思维和言语。总之，别人希望奥齐怎么样，他就会怎么样。

现实生活中，这样的人和事也不少。有一个做秘书的，领导让他看一篇报告写得如何。他看过来来汇报，说："我认为写得还不错。"领导摇了摇头。秘书赶快说："不过，也有一些问题。"领导又摇摇头。秘书说："问题也不算大。"领导又摇摇头。秘书说："问题主要是写得不太好，表述不清楚。"领导又摇摇头。秘书说："这些问题改改就会更好了。"领导还是摇头。秘书说："我建议打回这个报告。"这时领导说了："这新衬衣的领子真不舒服。"

一旦寻求赞许成为一种需要，做到实事求是几乎就不可能了。如果你感到非要受到夸奖不行，并常常做出这种表示，那就没人会与你坦诚相见。同样，你不能明确地阐述自己在生活中的思想与感觉，你会为迎合他人的观点与喜好而放弃你的自我价值。

坚持自己的观点必然会遇到大量反对意见，这是现实，是你为"生活"付出的代价，是一种完全无法避免的现象。

25. 人云亦云究可悲

不懂选择的人，多是人云亦云，不懂坚持的人，多是放弃自己的思维。

安东尼·罗宾讲过这样一段经历和感受：

有一回我搭乘飞机，坐在我旁边的是一个非常喜欢抱怨的人，如果奥林匹克有这项竞赛的话，他大概可以拿到一块奖牌。那天，当空中小姐前来询问我们晚餐要吃鸡肉还是牛肉的时候，我回答："鸡肉"，他则表示："都可以。"

过了一会儿，空姐端来了我的鸡肉，端给他一份牛肉。

接下来的20分钟，我只听到他不断喃喃地抱怨他的牛肉有多难吃。他完全不了解，这顿难吃的晚餐其实是他自己决定的。在他的想法里，这是空姐帮他挑的晚餐，但实际上，是他自己将选择权交给别人的。

你是否曾经埋怨过别人？但事实上你可能错怪别人了，是你的决定使你面临今天的结果——也许你自己做决定，也许你决定由别人为你做决定。

有些人做正确的选择与决定，有些人做错误的选择与决定，但我发现大多数的人都不知道他们有权选择，或是轻易将选择权拱手让人，而且大部分的人也不喜欢别人为他们做的决定。千万不要成为这样的人。

罗宾指出："你要相信这个事实，大部分的时候我们可以自己做选择。勇敢地为自己做决定，不要让别人承担你的成败，不要让别人决定你的一生。"

如果你任由别人帮你做选择，你可能会让自己变得很不愉快，或受困于别人的成就里。你必须认清一个事实，你现在所承受的一切，其实大多是自己选择的结果。

26. 用声音表达自我

真正成功的人生，不在于成就的大小，而在于你是否努力地去实现自我，喊出属于自己的声音，走出属于自己的道路。

贝多芬学拉小提琴时，技术并不高明，他宁可拉他自己作的曲子，也不肯做技巧上的改善，他的老师说他绝不是个当作曲家的料。

歌剧演员卡罗素美妙的歌声享誉全球，但当初他的父母希望他能当工程师，而他的老师则说他那副嗓子是不能唱歌的。

发表《进化论》的达尔文当年决定放弃行医时，遭到父亲的斥责："你放着正经事不干，整天只管打猎、捉狗捉耗子的。"另外，达尔文在自传上透露："小时候，所有的老师和长辈都认为我资质平庸，我与聪明是沾不上边的。"

沃特·迪斯尼当年被报社主编以缺乏创意的理由开除，建立迪斯尼乐园前也曾破产好几次。

爱因斯坦4岁才会说话，7岁才会认字。老师给他的评语是："反应迟钝，不合群，满脑袋不切实际的幻想。"他曾遭到退学的命运。

法国化学家巴斯德在读大学时表现并不突出，他的化学成绩在22人中排第15名。

牛顿在小学的成绩一团糟，曾被老师和同学称为"呆子"。

罗丹的父亲曾怨叹自己有个白痴儿子，在众人眼中，他曾是个前途无"亮"的学生，艺术学院考了三次还考不进去。他的叔叔曾绝望地说：孺子不可教也。

《战争与和平》的作者托尔斯泰读大学时因成绩太差而被劝退学。老师认为他："既没读书的头脑，又缺乏学习的兴趣。"

如果这些人不是"走自己的路"，而是被别人的评论所左右，怎么能取得举世瞩目的成绩？

人生的成功自然包含有功成名就的意思，但是，这并不意味着你只有做出了举世无二的事业，才算得上成功。世界上永远没有绝对的第一。看过马拉多纳踢球的人，还想一身臭汗地在足球队里混吗？听过帕瓦罗蒂的歌声的人，还想修炼美声唱法吗？——其实，如果总是担心自己比不上别人，只想功成名就，那么世界上也就没有曹雪芹、帕瓦罗蒂、马拉多纳这类人了。

俄国作家契诃夫说得好："有大狗，也有小狗。小狗不该因为大狗的存在而心慌意乱。所有的狗都应当叫，就让它们各自用自己的声音叫好了。"

小狗也要大声叫！实际上，追求一种充实有益的生活，其本质并不是竞争性的，并不是把夺取第一看得高于一切，它只是个人对自我发展、自我完善和美好幸福的生活的追求。那些每天一早来到公园练武打拳、练健美操、跳迪斯科的人，那些只要有空就练习书法绘画、设计剪裁服装和唱戏奏乐的人，根本不在意别人对他们姿态和成果品头论足，也不会因没人叫好或有人挑剔就停止练习、情绪消沉。他们的主要目的不在于当众展示、参赛获奖，而是自得其乐、自有收益。满足自己对生活美和艺术美的渴求。

27. 聪明画师

社会在变，时代在发展，万物皆动，随时调整你的选择，跟上时代的节拍，随时坚持你的原则，完善你的人生。

传说古时候，有一个国王，长得十分丑陋。他一只眼睛瞎了，一条腿还瘸着。

然而，就这样的一个国王，有一天，竟召集全国的画师来为他画像。并发话说：谁画得令他满意有赏，不满意的就要被杀头。

这中间有一个画师想："国王的威严谁敢冒犯！尽管国王长相丑陋，我还是给他画张漂亮的吧。"于是，他画了一张画像呈献给国王。画上的国王不瞎不瘸不丑，威严无比。谁知国王一看勃然大怒道：

"善于弄虚作假，阿谀奉承的人，一定是个有野心的小人，留着何益，拉出去斩首！"

这个画师被杀了。

这时，第二个画师想："既然画虚假的画像国王恼怒，那么我就给他如实的画像吧。"第二个画师又画了一张画像呈献给国王，只见画像上的国王瞎着一只眼，瘸着一条腿，又老又丑，没一点一国之主的威严形象。国王一看怒火中烧，大喝道：

"竟敢丑化国王，冒犯天威，此等狂妄之徒，留之何益，拉出去斩首！"

第二个画师也被杀了。

画师们见此情景，个个吓得魂不附体，哪个还敢冒险为国王画像？但如果不画肯定是不行的，照样会被杀头的，正在众画师为难之时，人丛中闪出一个人来，他双手呈上一幅画像给国王。

国王一看这幅画像，不禁连连称叹，赞不绝口，并将画像赐给群臣观赏。

这是一幅国王狩猎图。只见国王一条腿站在地上，一条腿蹬在一树墩上，睁着一只眼，闭着一只眼，正在举枪瞄准。这幅画，真是太妙了，百官惊叹不已，画师们更是啧啧连声，自叹弗如。国王赐给这个画师千两黄金作为奖赏。

有时候，你会面对意想不到的状况。随机应变，是聪明的行动者的处世法则。

28. 选择妥协，选择双赢

妥协不一定意味着放弃努力和宣布失败，积意极义上的妥协是为了伺机行事，出奇制胜，是退一步进两步。

皮华是一个化妆品公司的推销员，皮华的公司几次想与另一个化妆品

157

公司合作都未如愿。经过皮华的不懈努力，该公司终于答应与皮华的公司合作！有一个要求：要在其化妆品广告词中加上该公司的名字。

皮华的公司的老总不同意，认为这是花钱替别人打广告，协商又陷入僵局，合作公司限皮华的公司两天内回话。

皮华听到这个消息，直接找到老总，让他赶紧答应，否则会错失良机。老总不乐意地说："我坚决不妥协，他们这是以强欺弱。"

皮华认为把产品和一个著名的品牌绑在一起是有利的，经他的劝说，老总终于同意了合作的条件。事情像皮华预料的一样，公司的生产蒸蒸日上，销售额直线上升，皮华也因此被提升为业务总经理。

妥协是通往成功的道路，是在冷静中窥视时机，然后准确出击。

妥协是以退让开始，以胜利告终，表相是以对方利益为重，真相是为自己的利益开道。

江程拥有一家三星级的宾馆，经朋友介绍，他认识了一名名气很大的导演，导演准备在他的宾馆开一个新闻发布会。

江程爽快地同意了，可在租金上不能与对方达成协议。江程要价4万，导演只答应出2万，双方争执不下。朋友劝江程："你怎么这么傻，你只看到了2万，2万背后的钱可不止这个数，他们都是名人，平时请都请不来。"

江程还是不妥协，坚持要4万，还对朋友说："你看你介绍的人，这么苛刻。"朋友生气地说："我没有你这个目光如豆的朋友。"说完，朋友抛开江程，自己走了。

江程旁边一家四星级宾馆的总经理听到了这个消息，及时找到导演，说他愿意把宾馆大厅租给导演，而且要价不超过1.5万元。

于是，导演便租了这家四星级宾馆。开新闻发布会那几天除了许多记者、演员外，还有不少慕名而来的影迷，十几层的大楼无一空室。而且因为明星的光临，这家四星级宾馆的名声大噪。

江程看到这一幕后，后悔得不得了，但一切都晚了，他只能谴责自己目光短浅。积极意义上的妥协是退一步进两步的方法。

29. 让冷静给选择把关

做事需要迅速，但并不是一味求快，遇到重大的事情和问题，明智的选择就是在冷静的审视之后，再作出决断。

不经思量，武断从事，只能导致不良的后果。无论做什么，保持一分慎重才能以自己的聪明才智，稳扎稳打获得成功，否则难免吃苦头。下面一例就是一个教训。

陈思经营着一家餐馆，生意很红火。一天，朋友来吃饭，看看陈思的菜谱说："你的菜太普通了，没什么特色，应该多加点有特色的东西。"

陈思觉得有道理，问朋友："你认为该搞些什么特色？"

朋友说："米粉，很多人都喜欢吃。"

陈设经过市场调查，便购买了大量的米粉，这期间又有人建议陈思做魔芋，他又买来了很多魔芋，还特地请来两个专门的师傅。然而，陈思把重点转移到了米粉和魔芋的经营之后，顾客反而少了。很快，餐馆的营业额下降，储存的食品过期的过期，发霉的发霉，而员工工资也有减无增。餐馆濒临倒闭。

对客观情况缺乏了解时，万不可贸然行事，否则事情会弄得一团糟。只有细致地进行调查研究，考虑成熟后，你才能跳出错误判断的枷锁，正确地认识事物。

鲁莽草率是愚者的行为，只有深思熟虑才是智者的帮手。

卞龙是个很普通的人，他做什么事都很认真，对事情也很有见解，亲戚朋友常向他请教一些问题。

卞龙的外甥准备买一套楼房，请他参考。卞龙和外甥看了很多近郊的房子，结果外甥看上了一套后，准备付钱。可卞龙不同意，他说："这么大的事，不能轻易拍板，还是等等再说。"

外甥说："再看还是大同小异，我看这套就行。"

卞龙劝道："钱一交可是要不回来了，咱们别干后悔的事。"

于是，卞龙又单独去了几次，问了那儿的几家户主，了解到这住宅区经常停水停电，而且开发商手续不全，住户的房本到现在都办不下来。

卞龙把这些情况告诉了外甥，外甥避免了一次失误。外甥为自己一开始轻举妄动的想法后怕了好些日子，他从心底里佩服舅舅。终于，在卞龙的帮助下，外甥买到了一套既便宜又实惠的房子。

用心思考的时间对于行动来说并不是一种浪费，简单求快的做事方法并不适合于每一件事情。

30. 不放弃信誉，需要人格的力量

选择需要魄力。选择信誉，不放弃信誉，更需要人格的力量。

1835年，摩根先生成为一家名叫"伊特纳火灾"的小保险公司的股东，因为这家公司不用马上拿出现金，只需在股东名册上签上名字就可成为股东。这符合摩根先生没有现金但却能获益的设想。

很快，有一家在伊特纳火灾保险公司投保的客户发生了火灾。按照规定，如果完全付清赔偿金，保险公司就会破产。股东们一个个惊慌失措，纷纷要求退股。

摩根先生斟酌再三，认为自己的信誉比金钱更重要，他四处筹款并卖掉了自己的住房，低价收购了所有要求退股的股东。然后他将赔偿金如数

付给了投保的客户。

这件事过后，伊特纳保险公司成了信誉的保证。

已经身无分文的摩根先生成为保险公司的所有者，但保险公司已经濒临破产。无奈之中他打出广告，凡是再到伊特纳火灾保险公司投保的客户，保险金一律加倍收取。

不料客户很快蜂拥而至。原来在很多人的心目中，伊特纳公司是最讲信誉的保险公司，这一点使它比许多有名的大保险公司更受欢迎。伊特纳火灾保险公司从此崛起。

过了许多年之后，摩根的公司已成为华尔街的主宰。而当年的摩根先生正是美国亿万富翁摩根家族的创始人。

回忆当初，其实成就摩根的并不仅仅是一场火灾，而是比金钱更有价值的信誉。还有什么比让别人都信任你更宝贵的呢？信任的基础是什么呢？是互相之间对人品的了解与欣赏。是人与人之间无法用金钱来衡量的友情。

公元前四世纪，在意大利，有一个名叫皮斯阿司的年轻人触犯了国王。皮斯阿司被判绞刑，在某个法定的日子将被处死。皮斯阿司是个孝子，在临死之前，他希望能与远在百里之外的母亲见最后一面，以表达他对母亲的歉意，因为他不能为母亲养老送终了。他的这一要求被告知了国王。国王被他的孝心所感动，允许他回家，但是他必须为自己找个替身，暂时替他坐牢。这是一个看似简单其实近乎不可能实现的条件。有谁肯冒着被杀头的危险替别人坐牢，这岂不是自寻死路。但，茫茫人海，就有人不怕死，而且真的愿意替别人坐牢，他就是皮斯阿司的朋友达蒙。

达蒙住进牢房以后，皮斯阿司回家与母亲诀别。人们都静静地看着事态的发展。日子一天天地过去了，皮斯阿司还没有回来，刑期眼看就快到了。人们一时间议论纷纷，都说达蒙上了皮斯阿司的当。行刑日是个雨天，当达蒙被押赴刑场之时，围观的人都在笑他的愚蠢，幸灾乐祸的人大有人在。但刑车上的达蒙，不但面无惧色，反而有一种慷慨赴死的豪情。

追魂炮被点燃了，绞索也已经挂在达蒙的脖子上。胆小的人吓得紧闭了双眼，他们在内心深处为达蒙深深地惋惜，并痛恨那个出卖朋友的小人皮斯阿司。但就在这千钧一发之际，在淋漓的风雨中，皮斯阿司飞奔而来，他高喊着：我回来了！我回来了！

这一幕太感人了，许多人还都以为自己是在梦中。这个消息宛如长了翅膀，很快便传到了国王的耳中。国王闻听此言，也以为这是谎言。国王亲自赶到刑场，他要亲眼看一看自己优秀的子民。最终，国王万分喜悦地为皮斯阿司松了绑，并亲口赦免了他的刑罚。

有人不重视信誉，认为那不如现实的利益重要。但不要忘记，一旦失去了它，你还能得到现实的利益吗？

31. 莫伸手

给孩子一个选择——去纠错，给自己一个坚持——指正错误。

十多年前的一个夏天的黄昏，母亲叫正读小学的我去村前的菜地里摘些辣椒，我提着小花篮来到自家的地里。夏季的菜园有豆秧、丝瓜、苦瓜等上架蔬菜，葱郁无比。高大的竹木架撑起藤蔓，像一座座绿色的欧式楼房，很容易藏人。

我在自家菜地里摘了一些辣椒，瞅见邻地的几根丝瓜很诱人。我知道那菜地的主人是母亲在村中唯一的仇人，她经常找母亲的茬儿。更何况她的小儿子是我的同班同学，还打过我。

我向四周张望了一下，见没有人，便伸手欲去摘那些丝瓜。手刚触及，身后忽然传来严厉的声音："住手，孩子！"

我转身一望，是母亲。

母亲说："我是怕你摘错了别人的菜，才跟来的。"

我说："妈妈，这丝瓜可是我们仇人的，现在没有人看见，就摘它几根吧？"

母亲接过我手中的篮子，拍了拍我的头，说："孩子，偷别人的东西，这种行为不好，不管有人看见没有，总担心半夜有鬼敲门。还是自己种出来的菜味道好，吃了以后，可以睡安稳觉！"

我只好缩回了手。

如今，十多年过去了，我始终忘不了那个黄昏。在我多年来流离颠沛的工作中，我多次遇到与那丝瓜相似的"瓜"，有些"瓜"味道可能会更好，看起来更诱人。然而，每当我抉择时，总会想起母亲那天的话。

母亲的品质决定着孩子的未来。一个家庭，哪怕穷得家徒四壁，只要有一个善良、节俭、乐观和整洁的女人在料理，这样的家庭仍是心灵的圣堂与快乐力量的源泉。

32. 天堂与地狱

放眼看去，人世间，尔虞我诈，损人不利己的事比比皆是，以至于帮助人似乎是傻子才会去干的事了。

社会上以惊人的速度前进，人类却以令人咋舌的速度退化，人们之间的友爱，互助的关系越来越淡泊，取而代之的是靠金钱关系来维系。

有一个人被带去观赏天堂和地狱，以便比较之后能聪明地选择他的归宿。他先去看了魔鬼掌管的地狱。第一眼看去令人十分吃惊，因为所有的人都坐在酒桌旁，桌上摆满了各种佳肴，包括肉、水果、蔬菜。

然而，当他仔细看那些人时，他发现他们当中没有一张笑脸，也没有伴随盛宴的音乐或狂欢的迹象。坐在桌子旁边的人看起来沉闷，无精打采，而且皮包骨。这个人发现每人的左臂都捆着一把叉，右臂捆着一把刀，刀和叉都有4尺长的把手：使它不能用来吃。所以即使每一样食品都在他们手边，结果还是吃不到，一直在挨饿。

然后他又去天堂，景象完全一样：同样食物、刀、叉与那些4尺长的把手，然而，天堂里的人们却都在唱歌、欢笑。这位参观者很不解：为什么情况相同，结果却如此不同。在地狱的人都挨饿，可是在天堂人吃得很好而且很快乐。最后，他终于看到了答案：地狱里每一个人都试图喂自己，可是一刀一叉以及4尺长的把手根本不可能吃到东西；天堂上的每一个都是喂对面的人，而且也被对面的人所喂，因为互相帮助，结果帮助了自己。

卡耐基指出：这个启示很明白。如果你帮助其他人获得他们需要的东西，你也因此而得到想要的东西，而且你帮助的人越多，你得到的也越多。

柯维则用另一个故事来说明和支持这一观点：

一个刮着北风的寒冷夜晚，路边一间简陋的旅店迎来一对上了年纪的客人，不幸的是，这间小旅店早就客满了。

"这已是我们寻找的第16家旅社了，这鬼天气，到处客满，我们怎么办呢？"这对老夫妻望着店外阴冷的夜晚发愁。

店里小伙计不忍心这对老年客人受冻，便建议说："如果你们不嫌弃的话，今晚就住在我的床铺上吧，我自己打烊时在店堂打个地铺。"

老年夫妻非常感激，第二天照店价要付客房费，小伙计坚决拒绝了。临走时，老年夫妻开玩笑似地说："你经营旅店的才能真够得上当一家五星级酒店的总经理。"

"那敢情好！起码收入多些可以养活我的老母亲。"小伙计随口应和道，哈哈一笑。

没想到两年后的一天，小伙计收到一封寄自纽约的来信，信中夹有一张来回纽约的双程机票，信中邀请他去拜访当年那对睡他床铺的老夫妻。

小伙计来到繁华的大都市纽约，老年夫妻把小伙计引到第五大街三十四街交汇处，指着那儿一幢摩天大楼说："这是一座专门为你兴建的五星级宾馆，现在我正式邀请你来当总经理。"

年轻的小伙计因为一次举手之劳的助人行为，美梦成真。这就是著名的奥斯多利亚大饭店经理乔治·波非特和他的恩人威廉先生一家的真实故事。

有些人以为只有富有的人，才有成立"信托基金"的特权和安全感。其实不然！每个人——我们每个人——都有一种真的很重要的信托基金：别人的信任。

许多人不晓得信用基金对他们的成功来说有多重要，就是在这个关键点上破产的。然而，有的人本能上就晓得它的重要性，在这个项目上的富裕还超过他们的疯狂梦想。信用基金早晚会对你所创造的财富付出巨额的利润。你的信用基金的大小，与其他人跟你共事和帮助你的渴望的意愿，是有直接关系的。

建立一个大型信用基金的办法简单而直接。重点是为你的行为负责，事不分大小，做到你说你要做的事，实践你的诺言，守时守信，等等。你所做的任何事和每件事，都像银行中的存款一样，会加强你的可信度。可信度是由大大小小事情累积下来的。如果你告诉别人你会在三点钟打电话给他们，或去机场接他们，你准时做到了，实践了你的诺言，你俩的信用基金就又累积了一小笔信用积分。同样的，如果你告诉某个人，你会送他们一本你所讨论的书，你真的送了，你就赢得了那个人的信任。如果你不履行诺言，虽然每个行为或无为似乎都没什么了不起，你却会降低你的信用，缩小你的信用基金。例如，我认识一些人，每次他们跟我说话时都许下一些小小的承诺。这些人都很和善，为人正派，心地也好，他们承诺的虽然都不是什么要紧的事，却常常说得到做不到，言而无信。没有信用的悲惨下场是，我已经学会期待他们说话不算话了。换句话说，我虽然喜欢他们的为人，却不一定信得过他们，也不把他们的话当真。同样的，其他人也会这么想。

显然没有人是十全十美的。人都会犯错，可能毁约、迟到，偶尔甚至会忘了约会。不过，我已经学到一件事，最好不要轻易许下我做不到的承诺，也不要许下可能会缩小我的信用基金的承诺，不管多小都一样，这样比较容易也比较聪明。

助人为乐，与人为善往往就这么简单。帮助别人一般不会让自己损失什么，恰恰相反，有时还会给自己带来意想不到的好运。

33. 此时谎言胜实话

真理和事实是客观的，说与不说一个样，只有谎言才能体现些"人文色彩"。

我们说过人生离不开谎言，因为社会进入文明化的运行机制后，谎言不以人的意志为转移，自然而然也就产生了。生活中，在有些情况下，你不能不说谎。在一些非常时候，甚至只能说谎，才能够更为完满。

《最后一片叶子》是美国作家欧·亨利的一篇短篇小说，它的故事是这样的：

在某医院的一个病房里，身患重病的病人房间外有一棵树，树叶被秋风一刮，一片一片地掉落下来，病人望着落叶萧萧、凄风苦雨，身体也随之每况愈下，一天不如一天。她想：当树叶全部掉完时，我也就要死了。一位老画家得知后，被这种悲泣深深打动了，他用画的树叶装饰树枝，使那位濒临死亡的女病人坚强地活了下来。

作为小说，可能有点夸张，但现实生活中，类似于这样的事例应当是不少的。这种谎言，就是生活中必要的，没有这个谎言，那位女病人就会死去，要救活她，只能制造谎言。

在医疗上，这种谎言是最多的。

作为医生，对患者故意说谎，有时就是他们职业道德的一部分。比如对一个已确定为肝癌晚期的病人，医生就不能将真相告诉病人。"什么病？""肝炎，有些严重。不过，你配合治疗很快会好的。"这就是在撒谎，但这种谎言是必要的。

有的病人虽然患的不是晚期肝癌，是其他危及生命的病，但医生同样也不能对病人说："你根本没有希望了，就等着死吧！"这样的一句真话，还没一万句谎言来的必要。

同样，作为病人亲友的人，在去探望病人时，即使知道他活不了几天了，但也要与医生配合，把谎撒下去，让病人满怀信心地接受治疗。因为生命本身有时会创造奇迹的，谁也不能说绝对。即使没有奇迹出现，让病人充满希望地多活两天也是一种人道精神的表现。这个时候，你不撒谎，还能怎么办？

笔者曾经当过八年中学教师，多少万遍地教学生要诚实，但对学生，我本人有时却不得不说谎。有一个学生在初二时曾拿着一篇散文习作问我写得如何，我看了后说："有才气、有激情，是一篇不错的文章。"其实，那篇所谓的散文里不过是堆砌了一些华丽辞藻，空洞无物。但在我的谎言的鼓励下，他一直坚持课余时间写作，到上大学时，已发表长篇小说了。

教育学家通过研究表明，教师如果善用美好的谎言鼓励学生，学生则会树立信心，并且真正有所进步。

我的一位女同事曾经做过这样的试验：

把能力相等的初一年级学生分成三个小组，第一组经常给予表扬与称赞；第二组，经常给以责备和批评；第三组，既不给予表扬和称赞，也不给以责备和批评。

给三个组以相同的难度的数学练习题做，这个实验连做了一个星期，得出的结论是：第一组学生的成绩在不断上升；第二组学生一开始有进

167

步，中途就停滞不前了，学习效果不好；第三组学生前三天成绩上升，以后成绩变得直线下降。可见能使学生实力倍增的谎言格外受到欢迎。

大学教授们经常要给自己的学生写推荐信，这些推荐信可能是用来向国外学校申请奖学金，可能是用来到人才市场上参与激烈的职业竞争。如果学生的确是顶尖的人才，那便不必多说，照实写来就是了。倘若教授诚恳地指出该学生不是出类拔萃的顶尖人物，通常接受推荐的一方就可能理解为该学生是个差劲的学生。如果这样做，他可能伤害这个学生，使其失去深造的机会或难以找到工作，甚至对其一生的命运都会产生不良后果。所以，教授们提笔写推荐信的时候，必定在其中夸大学生的成绩和能力。你可以认为这是在撒谎，但这样的谎是有必要要撒的。

还有一类谎言是社会礼仪中必须说的奉承话，这些话里大都是水分、夸张、空话连篇，听着那些千篇一律的空话套话，虽然心里并不一定十分愉快，但人类缺少这些空话与谎话，礼仪就无法成立了。

有这么一个故事：

王员外家添了个孙了，在满月酒的那天，来了许多贺的宾客，大家都看着孩子在有意无意地闲谈。

李秀才说："令孙将来一定福寿双全、飞黄腾达、富贵荣华、光宗耀祖！"

罗秀才说："人都是一样的，这孩子将来也会长大、变老、死去！"

李秀才受到热烈的欢迎，待为上宾，而罗秀才则受到客人的鄙视、主人的忌恨与冷遇。

难道罗秀才说的不是实话吗？当然是实话，可是实话是难听的？相反，李秀才说的极有可能是假话，一个人"福寿双全"是很难的，但就是假话讨得了主人的欢心，因为主人正是这么期望的。

生活本身常常是平淡无奇的，天上掉馅饼的事总是少的，而灾难的厄运倒是常常不知不觉地走过来。人类本身的天性全是向往美好的，喜欢富有刺激、带有浪漫色彩的生活。如果我们什么事情都从实道来，世界上有些事也许就成为没有意思的事了。所以，不少人爱听谎言胜过爱听真理。

礼貌语言和奉承话给人们的幻想与虚荣心带来极大的满足，使人从困境与艰难中摆脱出来。它让人觉得自己在别人的生活中是受到尊重与重视的，因此它在生活中也是必不可少的，所以卢梭在《忏悔录》中说："我从没有说谎的兴趣，可是，我常常不得不羞愧地说些谎话，以便使自己从不同的困境中解脱出来。有时为了维持交谈，我迟钝的思维、干枯的话题迫使我虚构以便有话可说。"

林语堂先生也曾说过："什么是中国人的教养？我一直苦苦思索，由是发现了以下三点：一、说谎……；二、具有像绅士样说谎的能力；三、以幽默感理解自己心境的平静，并且对地球上的任何事物都不过于热衷。"

人，总是要面对生活的。生活中，真实是重要的，真诚更加重要，这对人生、对社会无疑是有更大价值的。然而，我们所处的社会是纷繁复杂的，大家都是凡人，都期望能出人头地，每个人心中都有这样或那样的欲望和念头，不加选择、不分对象、不分场合把什么都和盘托出，那在社会上有可能一天也混不下去。要想维持一种正常的局面，生活中，必然会有许许多多、这样那样的谎言。只要不是有意去伤害别人，谎言也是迫不得已的选择。

34. 要善用拟态和保护色

对一个初入社会的人来说，成功并不是那么急切，关键是先选好自己的"生存法宝"。

在社会中"混"，你有必要对"拟态"和"保护色"进行了解。

在动物世界里，"拟态"和"保护色"是很重要的生存法宝。"拟态"是动物或昆虫的形状和周围的环境很相似，让人分辨不出来，例如有一种枯叶蝶，当它停在树枝上时，褐色的身体就像一片枯叶那般。"保护色"是身体的颜色和周围环境的颜色接近，当它在这个环境里时，它的天敌便不易找出它来；蚱蜢好吃农作物，它的身体是绿色的，这颜色便是它的保护色。

因为"拟态"和"保护色"，所以大自然的各种生物才能代代繁衍，维持起码的生存空间。而一般来说，会拟态的往往兼具有保护色，因此又会拟态又有保护色的，生存条件较只具保护色的好。

在人的世界里，也是有"拟态"和"保护色"的行为，最具体的例子便是间谍，从事这种工作的人要隐藏自己的身份，并且要避免被人识破，他们所使用的"拟态"和"保护色"就是在角色扮演上尽量和周围人接近，让人分不出他是"外来者"。所以间谍要出任务时，都要先模拟当地的生活，穿当地的衣服，说当地人的话，吃当地的食物，研究当地的历史、民俗，为的是把自己"变成"那里的人，以免被人辨识出来。这是人类对"拟态"和"保护色"的运用。

你不是间谍，也不太可能有机会当间谍，可是在人性丛林里，你有必要对"拟态"和"保护色"有所了解，并且好好运用，尤其当你和周围环境相较，呈现明显的"弱势"时，更应该好好运用这两种每个人都有的本能。

例如：初到一个新单位，应尽量入乡随俗，认同这个单位的文化，随着这个单位的脉搏呼吸。也就是说，遵守这个单位的"规矩"和价值观念。这是寻找"保护色"，避免自己成为与周围环境格格不入的鲜明目标，否则会造成别人对你的排挤；如果你特立独行，自以为是，那么你的苦日子必定跟着你。当你的颜色和周围环境取得协调后，你也已成为这个环境中的一分子，而达到"拟态"的效果。到了这个地步，起码的生存环境就已经营造完成，不致发生问题了。

"拟态"的特色之一是静止不动。有保护色，又静止不动，那么谁也奈何不了你。因此在人性丛林里，你为了避免不必要的灾祸，必须严守"静止不动"的原则，也就是说，不乱发议论，不显露你的企图心，不结党结派，好让人对你"视而不见"，那么就可以把危险降到最低程度。

有些人在家被抢，是因为房子装潢得太漂亮了，让人一看就以为是有钱人家；有人半夜遇劫，是因为戴着名贵首饰，这是他们不知"拟态"和"保护色"的作用，相形之下，有些大富翁出门一袭粗衣，以计程车代步，了不起开辆小车，这种人就深懂"拟态"和"保护色"的奥妙。

"拟态"和"保护色"的本能是生物演进的结果，"弱者"有，"强者"也有。"弱者"是为了自身安全，"强者"是为了不让"弱者"发觉而进行扑杀。大自然的奇妙，其实也一样存在于人性丛林之中，你好好体会吧！

35. 装聋作哑，可以不战而胜

选择装聋作哑可避免成为别人攻击的目标，也可避免自己去找人麻烦，好处真是不少！

某机关有一个女孩子，平日只是默默工作，并不多话，和人聊天，总是微微笑着。有一年，机关里来了一个好斗的女孩子，很多同事在她主动发起攻击之下，不是辞职就是请调。最后，矛头终于指向了这个女孩子。某日，这位好斗的女孩子抓到了那位一贯沉默的女孩子的把柄，立刻点着燃火药，噼里啪啦一阵，谁知那位女孩只是默默笑着，一句话也没说，只偶然问一句"啊？"最后，好斗的那个主动鸣金收兵，但也已气得满脸通红，一句话也说不出来。过了半年，这位好斗的女孩子也自请他调。

你一定会说，那个沉默的女孩子"修养"实在太好了，其实不是这样，而是那位女孩子听力不大好，理解别人的话有困难，总是要慢半拍，而当她仔细聆听你的话语并思索你话语的意思时，脸上又会出现"无辜"、"茫然"的表情。你对她发作那么久，那么卖力，她回人的却是这种表情和"啊？"的不解声，难怪要斗不下去，只好鸣金收兵了。

这个故事说明了一个事实："沉默"的吸纳力量是何其的大，面对"沉默"，所有的语言力量都消失了！

只要有人的地方，就会有斗争。这不是新鲜事，在人性丛林里本就弱肉强食，和平相处才是怪事，因此你要有面对不怀善意的力量的心理准备；你可以不去攻击对方，但保护自己的"防护网"一定要有，我的建议是：不如装聋作哑！

聋哑之人是不会和人起争斗的，因为他听不到，说不出，别人也不会找这种人斗，因为斗了也是白斗。不过大部分人都不聋又不哑，一听到不顺耳的话就会回嘴，其实一回嘴就中了对方的计，不回嘴，他自然就觉得无趣了；他如果还一再挑衅，只会凸显他的好斗与无理取闹罢了，因此面对你的沉默，这种人多斗会在几句话之后就仓惶地"且骂且退"，离开现场，如果你还装出一副听不懂的样子，并且发出"啊？"的声音，那么更能让对方"败走"。

不过，要"作哑"不难，要"装聋"才是不易，因此也要培养他人言语"入耳而不入心"的功夫，否则心中一起波澜，要不起来回他一二句是很难的。

学习装聋作哑，除了以不战而胜之外，也可避免自己成为别人的目标，而习惯装聋作哑，也可避免自己去找人麻烦，好处真是不少。

36. 面对仇恨，选择宽恕

原谅别人，是对待自己的最好方式。因为释放了自己，才能有健康自由的心态。

两个朋友在吵架，吵到最后只想不见对方，原本很好的朋友，却因一次次的争执，而成陌路。

甲是重视隐私的人，乙是喜爱分享的人，常常甲向乙说些秘密时，乙又说了出去。甲一次次地忍耐，乙一次次地再犯，最后，天真的乙说："把过去的一切都忘掉，我们重新来，我愿意改！"

你想，有可能吗？发生的一切都已发生了，乙只想要甲"忘掉"，那些信任已被乙一次次地破坏了，现在，乙要求一切重来，如果你是甲，你愿意吗？

甲不愿意，乙也很气："她就是不肯原谅我。"乙忘了，原谅这个东西是不能要求和勉强的，越是如此，越是得不到。也许，乙该做的只是道歉。她如果愿意道歉，一切都会有所不同，但她自觉没有错，甲的态度也令乙不满了，所以，乙也不愿原谅甲。

甲和乙都胶着了，因为不肯原谅。有一位台湾作家曾给我们讲述了这样一例故事：有一个妇人，平时温文有礼，也很懂得持家，常常一大早就在家门口洗衣服，但她有一个不定时发作的毛病：发疯。

她可以黄昏时拿把菜刀、棍子在家门口破口大骂，也可以一大早就如此。刚开始，人们以为那是谁家的广播剧，后来才知道，是这位妇人在发泄情绪。

她最常骂的是："我不甘心。""你这疯人，总有一天有报应。""你会给车撞死。""你怎可以骗我!"

妇人曾被信任的朋友骗过,向她借钱,借了之后人家就跑了,妇人初期是不能接受,但也算平静,十多年后就成了如今模样,十多年来她不能原谅朋友,将怨气积在心中,将自己积出病来。

有人给宽恕作了一个十分美的比喻,他说:"一只脚踩扁了紫罗兰,它却把香味留在那脚跟上,这就是宽恕。"我们常常自己的脑子里预设了一些规定以为别人应该有什么样的行为。如果对方违反规定就会引起我们的怨恨。其实,因为别人对"我们"的规定置之不理,就感到怨恨,是一件十分可笑的事。大多数人都一直以为,只要我们不原谅对方,就可以让对方得到一些教训,也就是说:"只要我不原谅你,你就没有好日子过。"而实际上,不原谅别人,表面上是那人不好,其实真正倒霉的人却是我们自己,一肚子窝囊气不说,甚至连睡都睡不好。没多久就积出病来。

下次觉得怨恨一个人时,闭上眼睛,体会一下你的感觉,感受一下你的身体,你会发现:让别人自觉有罪,你也不会快乐。

讲到这里,你或许会问:如果有人做了非常恶劣的事,我还要原谅他吗?那么我再给大家讲一个故事。

1978年一月,一名精神病患者持枪冲进山迪·麦葛利格家,射杀了他三个花样年华的女儿。这场悲剧使山迪陷入痛苦的深渊,几乎没有人能体会他的悲痛与愤怒。

随着时间的流逝,他在朋友的劝慰下体会到,要使自己的生活步上常轨,唯一办法是抛开愤怒,原谅那名凶手。目前,山迪把所有时间用来帮助别人获得心灵的平静及宽恕他人。从他的经验可以证明,即使是遭逢剧变所引起的怨恨,在人性中也依然可以释怀。如果你问山迪,他会告诉你,他抛开愤怒是为了自己,希望自己好好活下去。

令人心碎的事、大病、孤寂和绝望每个人都难以幸免。失去珍贵的东西之后,总有一段伤心的时期。问题是,你最后到底变得更坚强还是更软弱?原谅别人,是对待自己最好的方式,因为释放了自己,才能有健康自由的心态。

正如耶稣基督受人迫害时说的，"原谅他们（迫害者）吧，他们在做些什么，自己也不知道啊！"许多的人，他们疯狂地做出一些错事的时候，就是和动物一样的不自知、不自愧也不知道理的。如果你比他们更有思考力，更知对错，就应可怜他们的不觉醒，就应帮助他们学会达到像你一样的觉悟。深怀这样的悲悯心，还有什么过错不能宽谅呢，还有什么别人的过错会使你耿耿于怀，烦恼痛苦呢？

37. 你可以选择说 "不"

在不利的环境下勇于说"不"，不但是对自我的尊重，而且只有我们尊重了自己之后，别人才会懂得如何尊重我们。

阿杰刚参加工作不久，姑妈来到这个城市看他。阿杰陪着姑妈把这个小城转了转，就到了吃饭的时间。

阿杰身上只有五十块钱，这已是他所能拿出招待对他很好的姑妈的全部资金，他很想找个小餐馆随便吃一点，可姑妈却偏偏相中了一家很体面的餐厅。阿杰没办法，只得硬着头皮随她走了进去。

俩人坐下来后，姑妈开始点菜，当她征询阿杰意见时，阿杰只是含混地说："随便，随便。"此时，他的心中七上八下，放在衣袋中的手里紧紧抓着那仅有的五十元钱。这钱显然是不够的，怎么办？

可是姑妈一点也没注意到阿杰的不安，她不住口地夸赞着这儿可口的饭菜，阿杰却什么味道都没吃出来。

最后的时刻终于来了，彬彬有礼的侍者拿来了账单，径直向阿杰走来，阿杰张开嘴，却什么也没说出来。

姑妈温和地笑了，她拿过账单，把钱给了侍者，然后盯着阿杰说："小伙子，我知道你的感觉，我一直在等你说不，可你为什么不说呢？要知道，有些时候一定要勇敢坚决地把这个字说出来，这是最好的选择。我来这里，就是想要让你知道这个道理。"

这一课对所有的年轻人都很重要：在你力不能及的时候要勇敢地把"不"说出来，否则你将陷入更加难堪的境地。

能帮上忙我很快乐，但是我也不想因帮忙而得到不尊重的态度。有回午夜时分一个陌生的太太，说要将她的三个孩子送来我家，且负责上下学、伙食和床边故事，还说是对我放心才给我带。另一回，也是带人家的小孩，小孩的父亲怪我伙食不行，还说我没教孩子英文、珠算、数学！还有一次，人家托我带孩子，说好晚间八点准时到，结果我等到十二点还没到！打电话去问，说是"误会"，就不了了之。上班时，会计小姐在年度结算，托我帮忙，我算得头昏脑胀，她小姐说去喝茶快活去了，末了，还怪我算太慢，害她被老板骂。

一位曾以助人为乐趣的小姐唠叨说。

学会说不，是种自我尊重，尊重了自己之后，别人才懂得如何尊重我们。一味的好心，不止加重了别人的依赖，也加重了自我的负担。

这种好心，不但害了自己，也害了别人。

38. 莫为名利遮望眼

俗话说：人过留名，雁过留声。谁也不想默默无闻地活一辈子，所谓人各有志就是这个意思。但是，在求取功名利禄的过程中，我还是要奉劝各位：少一点欲念，多一点超脱，谨慎抉择，到了你出名的时机那一刻，你定会成功的，莫为名利遮望眼。

　　唐朝诗人宋之问，有一外甥叫刘希夷，很有才华，是一年轻有为的诗人。一日，希夷写了一首诗，曰《代白头吟》，到宋之问家中请舅舅指点。当希夷诵到"古人无复洛阳东，今人还对落花风。年年岁岁花相似，岁岁年年人不同"时，宋情不自禁连连称好，忙问此诗可曾给他人看过，希夷告诉他刚刚写完，还不曾与人看。宋遂道："你这诗中'年年岁岁花相似，岁岁年年人不同'二句，着实令人喜爱，若他人不曾看过，让与我吧。"希夷言道："此二句乃我诗中之眼，若去之，全诗无味，万万不可。"晚上，宋之问睡不着觉，翻来覆去只是念这两句诗。心中暗想，此诗一面世，便是千古绝唱，名扬天下，一定要想法据为己有。于是起了歹意，命手下人将希夷活活害死。后来，宋之问获罪，先被流放到钦州，又被皇上勒令自杀，天下文人闻之无不称快！刘禹锡说："宋之问该死，这是天之报应。"

　　自古以来胸怀大志者多把求名、求官、求利当做终生奋斗的三大目标。三者能得其一，对一般人来说已经终生无憾；若能尽遂人愿，更是幸运之至。然而，从辩证法角度看，有取必有舍，有进必有退，就是说有一得必有一失，任何获取都需要付出代价。问题在于，付出的值不值得。为了公众事业，民族和国家的利益，为了家庭的和睦，为了自我人格的完善，付出多少都值得，否则，付出越多越可悲。我们所说的忍名让利，正是从这个意义上提出的人生命题。在求取功名利禄的过程中，奉劝诸君，谨慎抉择。

　　客观地说，求名并非坏事。一个人有名誉感就有了进取的动力；有名誉感的人同时也有羞耻感，不想玷污自己的名声。但是，什么事都不能过于追求，只要过分追求，又不能一时获取，求名心太切，有时就容易产生邪念，走歪门。结果名誉没求来，反倒臭名远扬，遗臭万年。君子求善名，走善道，行善事。

　　小求虚名，弃君子之道，做小人勾当。古今中外，为求虚名不择手段，最终身败名裂的例子很多，确实发人深省；有的人已小有名气，还想

177

名声大震，于是邪念膨胀，连原有的名气也遭人怀疑，更是可悲。

在中世纪的意大利，有一个叫塔尔达利亚的数学家，在国内的数学擂台赛上享有"不可战胜者"的盛誉，他经过自己的苦心钻研，找到了三次方程式的新解法。这时，有个叫卡尔丹诺地找到了他，声称自己有千万项发明，只有三次方程式对他是不解之谜，并为此而痛苦不堪。善良的塔尔达利亚被哄骗了，把自己的新发现毫无保留地告诉了他。谁知，几天后，卡尔丹诺以自己的名义发表了一篇论文，阐述了三次方程式的新解法，将成果攫为己有。他的做法在相当一个时期里欺瞒住了人们，但真相终究还是大白于天下了。现在，卡尔丹诺的名字在数学史上已经成了科学骗子的代名词。

宋之问、卡尔丹诺等也并非无能之辈，在他们各自的领域里都是很有建树的人。就宋之问来说，纵不夺刘希夷之诗，也已然名扬天下。糟的是，人心不足，欲无止境！俗话说，钱迷心窍，岂不知名也能迷住心窍。一旦被迷，就会使原来还有些才华的"聪明人"变得糊里糊涂，使原来还很清高的文化人变得既不"清"也不"高"，做起连老百姓都不齿的肮脏事情，以致弄巧成拙，美名变成恶名。

求名并无过错，关键是不要死死盯住不放，盯花了眼。那样，必须要走到沽名钓誉、欺世盗名之路。

有时，既未沽，也未钓，更未盗，美名便戴到了自己的头顶，这又当如何选择呢？

著名的京剧演员关肃霜，有一天在报纸上看到一篇题为：《关肃霜等九名演员义务赡养失子老人》的报导，同时收到了报社寄来的湖北省委顾问李尔重写的《赞关肃霜等九同志义行之歌》的诗稿校样。这使她深感不安。原来，京剧演员于春海去世后，母亲和继父生活无靠，剧团的团支部书记何美珍提议大家捐款义务赡养老人，这一活动持续了二十三年，关肃霜开始并不知晓，是后来知道并参加的。但报导却把她说成了倡导者，这就违背了事实。关肃霜看到报道后，立即委托组织给报社复信，请求公开澄清事实。李尔重也尊重关肃霜的意见，将诗题改成"赞云南省京剧院施沛、何美珍等二十六同志"。

二次世界大战期间，美军与日军在依洛吉岛展开了激战，最后将日军打败，把胜利的旗帜插在了岛上的主峰，心情激动的陆战队员们，在欢呼声中把那面胜利的旗帜撕成碎片分给大家，以作终生的纪念。这是一个十分有意义的场面，后赶来的记者打算把它拍照下来，就找来六名战士重新演出这一幕。其中有一个战士叫海斯，是一个在战斗中表现极为普通的人，可是由于这张照片的作用，使他成了英雄，在国内得到一个又一个的荣誉，他的形象也开始印在邮票、香皂等上面，家乡也为他塑了雕像。这时他的心是极为矛盾的：一方面陶醉在赞扬中，一方面又怕真相被揭露；同时，由于自己名不副实，又总是处在一种内疚、自愧之中。在这样的心理状态下，他每天只好用酒来麻醉自己。终于，在一天夜里，他穿好军装，悄悄地离开了对他充满赞歌的人世。

同样得到了飞来之美名，关肃霜和海斯的态度不同，结局也各异。还是东坡先生说得好："苟非吾之所有，虽一毫而莫取。"美名美则美矣！只是对于那些还有一点正义感，有一点良知的人，面对不该属于他的美名，受之可以，坦然却未必办得到！得到的是美名，得到的也是一座沉重的大山，一条捆缚自己的锁链，早晚会被压垮，压得喘不上气来。像关肃霜，就活得真实、活得轻松、活得自在、活得安然。

如果真有人对此能坦然受之，那这个人的品质也就算恶得可以了！

第三篇

自己就是一座丰碑

1. 永远不要放弃

任何事只要半途而废，辛苦就白费了。唯有经得起种种考验的人，才是最后的胜利者。因此，不到最后关头，就绝不轻言放弃。在坚持不懈的努力中，人生境界得到了升华。

第二次世界大战时的英国首相丘吉尔，一生里留下不少轶事。在第二次世界大战爆发之前，曾经有一段关于丘吉尔的轶事。当战争不可避免的时候，有一位政府官员说："我认为事情完全绝望了。"丘吉尔却若无其事地说："不错，已经到了无法形容的绝望地步。"接着他又说："不过，我觉得自己似乎年轻了20岁。"

当我们陷入绝望状态时，总要想办法逃避，不过，丘吉尔却终于接受了绝望的事实，而决心振奋起来。

从心理学上说，感到绝望以及对令人绝望的状况有所了解，无疑是完全不同的精神活动。后者是客观地认识自己所处的状况，前者表示已经不能很客观地审视自己处境。所以，当我们处在绝望中时，认清绝望不但能使心情变得很乐观，还可以使自己超出绝望之外。

在二次世界大战后功成身退，生活立刻由绚烂归于平静的丘吉尔下台之后，有一回应邀在剑桥大学毕业典礼上致辞。那天他坐在首席上，打扮一如平常，头戴一顶高帽，手持雪茄，一副怡然自乐的样子。

经过隆重但稍嫌冗长的介绍词之后，丘吉尔走上讲台，两手抓住讲台，注视观众大约沉默了两分钟，然后他就用那种他独特的风范开口说："永远，永远，永远不要放弃！"接着又是长长的沉默，然后他又一次强调："永远，永远，不要放弃！"最后在他再度注视观众片刻后蓦然回座。

无疑地，这是历史上最短的一次演讲，也是丘翁最脍炙人口的一次演讲。

但这些都不是重点，真正的重点是你愿意听取丘吉尔的忠告吗？

2. 一个绝境就是一次挑战、一次机遇

选择了生存，就可能创造任何奇迹。

在法国一个位于野外的军用飞机场上，一位名叫桑尼耳的飞行员正在专心致志地用自来水枪清洗战斗机。突然，他感到有人拍了一下他的后背。回头一看，他吓得大叫一声，拍他的哪里是人，而一只硕大的狗熊正举着两只前爪站在他的背后！桑尼耳急中生智，迅速把自来水枪转向狗熊。也许是用力太猛，在这万分紧急的时刻，自来水枪竟从手上滑了下来，而狗熊已朝他扑了过去……他闭上双眼，用尽吃奶的力气纵身一跃，跳上了机翼，然后大声呼救。

警戒哨里的哨兵听见了呼救声，急忙端着冲锋枪跑了出来。两分钟后，狗熊被击毙了。

事后，许多人都大惑不解：机翼离地面最起码有2.5米的高度，桑尼耳在没有助跑的情况下居然跳了上去，这可能吗？如果真是这样，桑尼耳不必再当飞行员了，而应当一名跳高运动员，去创造世界纪录。

然而，事实确实如此。后来，桑尼耳做了无数次试验，再也没能跳上机翼。

在日常生活中，一个绝境就是一次挑战、一次机遇，如果你不是被吓倒，而是奋力一搏，也许你会因此而创造超越自我的奇迹。

3. "黑洞"诞生于坚持

只要大脑还能思维,那么人生的字典里就不应出现"放弃"二字。

一个中枢神经残废,肌肉严重衰退,失去了行动能力,手不能写字,话也讲不清楚,终生要靠轮椅生活的青年,凭借一个小书架,一块小黑板,还有一个他以前的学生做助手,竟然在天文学的尖端领域——黑洞爆炸理论的研究中,通过对"黑洞"临界线特异性的分析,获得了震动天文界的重大成就,对此,你一定会感到惊奇,然而,这却是不容置疑的事实,他为此荣获了1980年度的爱因斯坦奖金。

他的名字叫史蒂芬·霍金,是个英国人,当时只有35岁。更有趣味的是,作为天文学家,他从不用天文望远镜,却能告诉我们有关天体运动的许多秘密。他每天被推送到剑桥大学的工作室里,干着他饶有兴味的研究工作。

我们常常惊叹那些专业知识的底子甚薄、然而在某些或某一个特殊方面、特殊领域成就卓著的"鬼才"们。其实,奇人霍金的研究方式和研究手段,以及他借此而获得的高度成就,说明世间还有另一类"鬼才",即由于残疾之类不幸的折磨和求生意愿的炽烈而激发的特殊洞察力或特异才能。只要人的精华——思维着的大脑依然蓬勃地工作着,就有无可限量的人生希望和创造潜力,就不存在不能克服的困难。在这里,悲观或者乐观,坚强或者懦弱,前进还是退却,依附还是自立,像效率可靠的阀门一样,给残疾人的生存智慧开启着成功之路或自弃的际遇。

霍金的获奖,是赢得了科学界公认的理论物理学研究的最高荣誉。就是体魄健全、研究工作条件一流的理论物理学的研究工作者们,又能有几个获得这样的殊荣？这似乎暗示着：人类生存智慧的重大命题之一，即真正地认识"天生丽质难自弃"的规律。

不论你的生存条件如何，都不要自我磨灭自身潜藏的智能，不要自贬可能达到的人生高度，要锲而不舍地去克服一切困难发掘自身才能的最佳生长点，扬长避短地，踏踏实实地朝着人生的最高目标坚定地前进！

4. 不轻易放弃，才能发现更多的机会

> 不断选择，跟上生活的脚步；不轻言放弃，才能实现更多的目标。

迈克·兰顿生长在不正常的家庭里，父亲是个犹太人（十分排斥天主教徒），而母亲却偏偏是个天主教徒（却又十分排斥犹太人）。在他小的时候，母亲经常闹着要自杀，当火气来时便抓起挂衣架追着他毒打，就因为生活在这样的环境，所以他自幼就有些畏缩而身体瘦弱。

迈克读高中一年级时的一天，体育老师带这一班学生到操场去教他们如何掷标枪，而这一次的经验就此改变了他后来的人生。在此之前，不管他做什么事都是畏畏缩缩的，对自己一点自信都没有，可是那天他奋力一掷，只见标枪越过了其他同学的纪录，多出了足足有30英尺。就在那一刻，迈克知道了自己的前途大有可为，在日后面对《生活》杂志的采访时，他回想道："就在那一天我才突然意识到，原来我也有能比其他人做得更好的地方，当时便请求体育老师借给我这支标枪，在那年整个夏天里，我就在运动场上掷个不停。"

迈克发现了使他振奋的未来，而他也全力以赴，结果有了惊人的成绩。

那年暑假结束返校后，他的体格已有了很大的改变，而在随后的一整

年中他特别加强重量训练，使自己的体能往上提升。高三时的一次比赛，他掷出了全美国中学生最好的标枪记录，因而也让他赢得了体育奖学金。

有一次，他因锻炼过度而严重受伤，经检查证实，必须永久退出田径场，这使他因此也失去了体育奖学金。为了生计，他不得不到一家工厂去担任卸货工人。

不知道是不是幸运之神的眷恋，有一天他被好莱坞的星探发现，问他是否愿意在即将拍摄的一部电影影片——《鸿运当头》中担任配角。当时这部影片是美国电影史上所拍第一部彩色西部片，迈克应允加入演出后从此就没有回头，先是演员，然后演而优则导，最后成为制片，他的人生事业就此一路展开。一个美梦的破灭往往是另一个未来的开展，迈克原先有个在田径场上发展的目标，而这个目标引导者他锻炼强健的体格，后来的打击却又磨炼了他的性格，这两种训练未料却成了他另外一个事业所需的特长，使他有了更耀眼的人生。

迈克因为能够坚持而扭转了自己的人生。有时候，我们虽然未能达到某个目标，可是只要方向对，不轻易放弃，最终却可能达到较先前为更大的目标。

5. 游过海峡

游过海峡，不需要借口，目标可以使你坚持到彼岸。

34岁的美国妇女弗罗纶丝·查德威克是横渡英吉利海峡的第一位女性。完成这项壮举之后，她决定向另一距离更远的海峡卡塔林纳海峡挑战，即从加利福尼亚海岸以西21英里的卡塔林纳岛游向加州海岸。如果她的壮举能成功的话，她将成为第一个游过这个海峡的女性。

1952年7月4日清晨的太平洋海面，笼罩在浓雾中。那天早晨，海水冻得她身体发麻，雾很大，她连护送船都几乎看不到。她一个人坚定地游着。千万人在电视上看着。时间一分一秒地过去了，已经15个小时了，她还在加利福尼亚西海岸附近游着。在以往这类渡海游泳中，她的最大问题不是疲劳，而是刺骨的水温。

终于，她感到又累又冷，她知道自己不能再游了，就请求拉她上船。随船的教练及她的母亲都告诉她海岸很近了，不要放弃。但她朝加州海岸望去，浓雾弥漫，什么也看不到！

最后，在她的请求下（从她出发算起15小时55分之后）人们把她拉上了随行的船，其实这时她离加州海岸已只有半英里远了！

后来她总结道，令她半途而废的不是疲劳，也不是寒冷，而是因为在浓雾中看不到目标。

"说实在的，"她对记者说，"我不是为自己找借口，如果当时我看见陆地，也许就能坚持下来。"

迷茫的目标，动摇了她的信念。

两个月后，她成功地游过同一个海峡，仍然是游过卡塔林纳海峡的第一个女性，且比男子的记录快了大约两个小时。

因为这次她有了非常清楚的目标。

目标产生信念，信念产生动力。

6. 欲望的铁索桥

> 既然选择了"生"，那么请君自救吧！

一座泥像立在路边，历经风吹雨打。他多么想找个地方避避风雨，然而他无法动弹，也无法呼喊。他十分羡慕人类，觉得做一个活生生的人真好，可以无忧无虑，自由自在地到处闲游。他决定抓住一切机会，向人类呼救。

这天，一个长髯老者路过此地，泥像用他的神情向老者发出呼救。

"老人家，请让我变成个人吧！"泥像说。

老者看了看泥像，笑了笑，手臂一挥，泥像真的变成了一个活生生的青年。"你要想变成个人可以，但是你必须先跟我试走一下人生之路，假如你承受不了人生的痛苦，我马上可以把你还原。"老者说。

于是，青年跟随老者来到一个悬崖边。

只见两座悬崖遥遥相对，此崖为"生"，彼崖为"死"，中间由一条长长的铁索桥连接着。这座铁索桥又由一个个大小不一的铁环串联而成。

"现在，请你从此岸走向彼岸吧！"老者长袖一拂，已经将青年推上了铁索桥。

青年战战兢兢，踩着一个个大小不同链环的边缘前行，然而，一不小心，一下子跌进了一个铁环之中，顿时两腿失去了支撑，胸口被链环卡得紧紧的几乎透不过气来。

"啊！好痛苦呀！快救命呀！"青年挥动双臂，大声呼救。

"请君自救吧。在这条路上，能够救你的，只有你自己。"长髯老者在前方微笑着说。

青年扭动身躯，拼死挣扎，好不容易才从痛苦之环中解脱出来。"你是个什么链环，为何卡得我如此痛苦？"青年愤然道。

"我是名利之环。"脚下的链环答道。

青年继续朝前走。忽然，隐约间，一个绝色美女朝青年嫣然一笑，青年飘然走神，脚下一滑，又跌入一个环中，被链环死死卡住。

"救……救命呀！好痛呀！"青年惊恐地再次呼救。

可四周一片寂静，没人回答他，更没人来救他。

这时长髯老者再次在前方出现，他微笑着缓缓道：

"在这条路上，没有人可以救你，你只能自救。"

青年拼尽全力，总算从这个环中挣扎了出来，然而他已累得精疲力竭，便坐在两个链环间小憩。

"刚才这是个什么痛苦之环呢？"青年想。

"我是美色链环。"脚下的链环答道。

经过一阵轻松的休息后，青年顿觉神清气爽，心中充满幸福愉快的感觉，他为自己终于从链环中挣扎出来而庆幸。

青年继续向前赶路。然而料想不到的是，他接着又掉进了贪欲的链环、妒忌的链环、仇恨的链环……待他从这一个个痛苦之环中挣扎出来，青年已经没有力气再走下去了。抬头望望，前面还有漫长的一段路，他再也没有勇气走下去了。

"老人家！老人家！我不想再走人生之路了，你还是带我回到原来的地方吧。"青年呼唤着。

长髯老者出现了，手臂一挥，青年便又回到了路边。

"人生虽然有许多的痛苦，但也有战胜痛苦之后的欢乐和轻松，你难道真愿放弃人生么？"长髯老者问道。

"人生之路痛苦太多，欢乐和愉快太短暂太少了，我决定放弃人生，还是去做我的泥像吧！"青年毫不犹豫。

长髯老者长袖一挥，青年又还原为一尊泥像。"我从此再也不必受人世的痛苦了。"泥像想。

然而不久，泥像便被一场大雨冲成了一堆烂泥。

人生中有许多的诱惑和阻碍，你必须明确哪个对你有益哪个对你无益，小心地绕开种种陷阱。

7. 不要放弃，先天不足后天补

当你的先天条件无法改变时，不要徘徊，只要你积极地用后天来补救，你的人生同样会光辉灿烂。

亚历山大·贝尔有一次向朋友约瑟·亨利抱怨他们工作不顺利，认为那完全是由于自己缺乏有关电机方面的知识。约瑟·亨利是华盛顿区一家工学院的校长，他虽然同意贝尔的说法，却没有向贝尔说"真不幸，亚历山大，你没有机会学习电机课程真是太不幸了"他也没有告诉贝尔该如何去申请助学金，或如何向父母请求帮助。他只是简短地告诉他："去读啊！"

亚历山大·贝尔果然就去攻读有关电机的课程，最后成了历史上对传播科学极有贡献的人。

那么贫穷会不会是失败最有力的理由呢？美国总统赫伯特·胡佛是衣阿华一名铁匠的儿子，后来又成了孤儿；名制片家阿朵夫·祖可曾替一名皮货商担任助手，每星期只赚两块钱薪水。

这些著名的成功人士，均不认为贫穷是他们的障碍。他们把所有精力都用在工作上面，因此根本没有时间去自怜。

罗伯·路易·史蒂文生一生多病，却不愿让疾病影响自己的生活和工作。与他交往的人，都认为他十分开朗、有精力，并且所写的每一行文字也充分流露出这种精神来。由于他不愿向身体缺陷屈服，因此使得他的文学作品更多彩、更丰盛。

历史上，许多举世闻名的人物都有他们自己身体上的缺陷。如拜伦爵士长有畸形足；贝多芬因病成了聋子；拿破仑是有名的矮子；莫扎特患有肝病；富兰克林·罗斯福患有小儿麻痹症；而海伦·凯勒更是从小又聋又瞎。

歌唱家珍·佛格蒙在一次飞机意外事件中严重受伤。由于她不屈不挠的精神，后来不但恢复了健康，并且成为有名的歌星。一名演员苏珊·鲍尔曾经锯掉一条腿，但这并没有影响到她幸福的婚姻生活，并且直到去世为止，她都一直在影坛十分活跃。

萧伯纳对那些时常抱怨环境不顺的人说："人们时常抱怨自己的环境不顺利，因此使他们没有什么成就。我是不相信这种说法的，假如你得不到所要的环境，可以制造出一个呀！"

8. 站起来，别趴下

你可以被人打倒，但不能放弃胜利，这样别人才永远无法把你打败。

一位父亲很为他的孩子苦恼。因为他的儿子已经十五六岁了，可是一点男子气概都没有。于是，父亲去拜访一位禅师，请他训练自己的孩子。

禅师说："你把孩子留在我这里。3个月以后，我一定可以把他训练成真正的男人，不过，这3个月里面，你不可以来看他。"父亲同意了。

3个月后，父亲来接孩子。禅师安排孩子和一个空手道教练进行一场比赛，以展示这3个月的训练成果。

教练一出手，孩子便应声倒地。他站起来继续迎接挑战，但马上又被打倒，他就又站起来……就这样来来回回一共16次。

禅师问父亲："你觉得你孩子的表现够不够男子气概？"

父亲说："我简直羞愧死了！想不到我送他来这里受训3个月，看到的结果是他这么不经打，被人一打就倒。"

禅师说："我很遗憾，因为你只看到了表面的胜负。你有没有看到你儿子那种倒下去立刻又站起来的勇气和毅力呢？这才是真正的男子气概啊！"

人生的光荣不在于永不失败，而在于屡败屡起、永不放弃。只要站起来比倒下去多一次，就是成功。

9. 一秒钟后的世界又不一样

再坚持一秒钟，世界不再黯淡。

当代美国有位著名小说家普拉格曼在其长篇小说的获奖典礼上，一位记者向他提问道："你毕生成功最关键的转折点在何时何地？"

他向记者讲起了自己的一段经历：二次大战中，尚未读完高中的普拉格曼到海军服役。1944年8月，他在一次战斗中身负重伤，双腿无法站立。为了挽救他的生命，舰长派一个海军下士驾小船将他送往战地医院。在黑暗中，小船漂流了4个多小时，不幸迷失了方向。掌舵的下士失去了信心，要拔枪自杀。正在流血的普拉格曼却很镇定地劝说他："你别开枪，我有一种神秘的预感……即使失败也要有耐心，绝不要堕入绝望的深渊。"

话没说完，突然向敌机发射的高射炮火光冲天，他们发现小舟离码头不远了。

这一富于戏剧性的经历，铭刻在普拉格曼的心上。他确信，即使面对失败也要有耐心，坚忍不拔，绝不失望，或许在最后一刻会有转机，出现胜利的曙光。

10. 愚蠢的妇人

懂得生活的人，有知足之心；懂得选择的人，不会过分的贪求。

从前有一位很富有的妇人，生活本已十分美满，可是她不满足，她迷恋上了一位男子，与该男子来往甚密。

该男子有一天对妇人说他要远行了，妇人舍不得他，于是毫不犹豫地带上财产，随男子弃家远行。

路遇一河，男子对妇人说，"你在这里等着，等我把这些金银财宝都运过河去，就过来接你。"

妇人答应好。可是等到男子把金银财宝运过河之后，他再也没来接妇人，独自带着财物走了。

妇人哭天天不应，叫地地不灵。万念俱灰地坐在岸边。这时，妇人忽然看见一只狐狸，那狐狸好不容易地捕捉到一只鹰，正待把鹰咬死时，狐狸突然又发现水里有一条又肥又大的鱼。狐狸急忙放开口中的鹰，又去捕捉肥鱼。谁知鱼儿见狐狸来了，急急忙忙游走了。狐狸没有捉到鱼，又想到刚才放开的鹰，急忙回头去找，而那只鹰早已飞得无影无踪了。

狐狸既想得到鹰，又想得到鱼，结果什么也没有得到。它沮丧极了。

妇人嘲笑狐狸道："你真是个大傻瓜，两样猎物都想要，结果一样也没得到。"

狐狸也看到了妇人的倒霉相，反唇相讥道："还是看看你自己吧！我本是兽类，这般愚蠢可以理解，而你是人类，你的愚蠢一点也不逊色于我，这该如何解释呢？"

妇人羞惭不已，悄然回乡了。

过分的贪求将会把你原有的一份带走，因此目标要实际一点。

11. 借口就是退缩

为了成功，无论碰到多大的困难都不要停止行动，因为对于成功者而言，在任何困难面前是"没有任何借口"的。

当自己制定了行动计划并且迈出了第一步之后，目标已开始向我们招手。可是，随之而来的许多意想不到的困难和障碍也会对我们的智慧、意志和毅力进行各种挑战和考验。这时，你也许会找到一些借口让自己松懈、退缩甚至放弃，可以吗？任何人都可以这样做，可成功者的选择却是不可以——因为"没有任何借口"。

在美国有一个西点军校，在西点军校毕业的人都知道有4个获益终生的标准答案，其中有1个重要的答案就是：没有任何借口。

美国西点军校有一个由来已久的传统，遇到学长或军官问话，新生只能有4种回答：

"报告长官，是！"

"报告长官，不是。"

"报告长官，没有任何借口。"

"报告长官，不知道。"除此之外不能多说1个字。比如军官问："你认为你的皮鞋这样就算擦亮了吗？"你的第一个反应肯定是为自己辩解："报告长官，刚才上课时不小心有人踩了我。"但是不行，所有的辩解都不能作为回答，你只能从4个标准答案中选择作答，所以，你只能回答："报告长官，不是。"军官要问为什么，最后你只能回答："报告长官，没有任何借口。"学校认为，这样的规定是要让新生意识到任何时候只有行动才是最重要的，因此，任何时候都要学会忍受不公平，只有坚持这种信念才会激发自己的潜能，真正实现说到做到。

12. 继续等待下一个春天

> 相信梦想，而且相信梦想终将实现，只要你愿意等到下一个春天。留得青山在我们还怕没柴烧吗？

我听过一则流传在日本的故事，说的是有两个叫阿呆和阿土的人，他们都是老实巴交的渔民，却都梦想着成为大富翁。有一天，阿呆做了一个梦，梦里有人告诉他对岸的岛上有座寺，寺里种有四十九棵朱模，其中开红花的一株下面埋有一坛黄金。阿呆便满心欢喜地驾船去了对岸的小岛。岛上果然有座寺，并种有四十九棵朱模。此时已是秋天，阿呆便住了下来，等候春天的花开。肃杀的隆冬一过，朱模花盛放了，但都是清一色的淡黄。阿呆没有找到开红花的那一株。庙里的僧人也告诉他从未见过哪棵朱模开红花。阿呆便垂头丧气地驾船回到了村庄。

后来，阿土知道了这件事，他就用几文钱向阿呆买下了这个梦。阿土也去了那座岛，并找到了那座寺。又是秋天，阿土也住下来等候花开。第二年春天，朱模花凌空怒放，寺晨一片灿烂。奇迹就在此时发生了：果然有一株朱模盛开出美丽绝伦的红花。阿土激动地在树下挖出了一坛黄金。后来，阿土成了村庄里最富有的人。

据说这个故事在日本流传了近千年。今天的我们为阿呆感到遗憾：他与富翁的梦想只隔一个冬天。他忘了把梦带入第二个灿烂花开的春天，而那些足可令他一世激动的红花就在第二个春天盛开了！阿土无疑是个聪明者，他相信梦想，并且等待另一个春天！

其实等待既是一种痛苦，也是一种享受。没有痛苦的等待，是没有意义的；只有在痛苦中等待了所要等待的东西，这种等待就升华为一种享受。比如，你等待了一个期盼已久的人，终于来到了你的身边，那种快乐……

13. 有志之人立长志

"行百里者半九十"，"靡不有初，鲜克有终"，立志难，矢志不移更难。人生下来都同处在生命的最下层，但他们宝贵的生命中有无尽的活力，他们可以走到生命的上层，其阶梯就是考验。

公元前104年，司马迁着手编写中国的第一部纪传体通史。正当司马迁专心著述的时候，祸从天降。公元前99年，汉将军骑都尉李陵奉命率领五千步兵出击匈奴，不幸被匈奴八万骑兵包围，经过几昼夜的激战，李陵得不到汉武帝爱妃的长兄李广利所率领的主力部队的后援，结果因弹尽粮绝，寡不敌众，战败投降。汉武帝为战败之事非常生气。汉武帝问司马迁对此事有何看法。司马迁认为：敌我兵力悬殊，李陵以少数兵力，转战千里，后无援兵，杀伤敌兵近万。这样英勇，古代名将也不过如此。他虽然力竭投降，还可能找机会立功报答国家的。司马迁的话实际上在指责李广利没有尽到他的责任。不料汉武帝认为这些话是为李陵开脱，盛怒之下，立即下令把司马迁投入了监牢，并处以死刑。按汉朝的法律，死刑有两种减免的办法，一是用50万钱来赎罪，一是受"腐刑"（割去睾丸）。司马迁是个小小的史官，家里很穷，拿不出钱来赎罪。只好接受了这种对人肉体上、精神上最残酷的摧残，以及对人格的极大侮辱。为此，司马迁痛不欲生，几次想一死了之。但是，他顾念到《史记》尚未完成，便隐忍苟活，成一家之言，以实现父亲的夙愿和自己的理想。

他忍辱负重，矢志不移，终于在公元前93年完成了千古不朽的名著——《史记》。

理想是打开神奇之门的钥匙，可以拓宽你的视野，让你看见新的机会。抱负大一点让生活更容易也更有趣，它也可能让你得到更大的收获。

几乎来自各行各业的成功商人都不断提醒我，抱负大一点是"混"成功之钥匙。

成功的保险员声称，跟某个人谈一百万元保险和谈一千元保险所花费的时间，是一模一样的。在房地产行业中，不论你考虑的是单一家庭的住家或一大幢的公寓建业，这个概念都适用。这并不表示，你无法在单一家庭住宅上赚钱，或者更昂贵的产业的回收率必然比较高。它只是意味着，你的梦想愈大，成功的潜力也就愈大。如果你想靠卖房子，做房屋中介来营生，问有钱人的名单跟低收入户的名单，所花费的精力是同样的。你可以想小一点，也可以想大一点。

在公开演讲的任何行业里，这个观念更是关键。你可以对一个人演讲一小时，也可以跟一千人或更多人演讲六十分钟。群众的多寡全视你的视野的大小而定。抱负大一点的概念也适用于你选择跟谁谈话。你怕爬到巅峰吗？如果是如此，你便会错过好良机。通常职位愈高的人其实愈好说话——也最愿意帮忙。我就有过这样的经验，汽车经销商老板亲自上车让我试车，而层级最低的推销员却不肯花这个时间。可是想要让这件事发生，我必须开口问才有机会。在企业界里，老板通常很乐意陪你坐下来，即使是中级的经理对你一点也不尊重。这是很奇怪的现象，却常常发生。

像平常一样，许多人想得很少的主因是害怕。像这样的念头："我无法对着一屋子的人说话"，"我不能冒险接更大的案子"，及"我无法邀请老板跟我共进午餐"，它们充满了心中，被看得太严重了。当恐惧念头浮上心头时，试着驱逐他们。

我有一位朋友，他花费大半的成年岁月去坚持他无法写书。这让我大惑不解，因为他不但是一位优秀的作家，而且轻轻松松就写出文章和一章章的长篇大论！有一天，我请他考虑一下，一本书不过是把一连串有趣的篇章串连起来而已。在我看来再浅显不过的事，他却从来没想过。相反的，他总是专注在他固执的信念上，认为写书这个计划太庞大了。这一念之差，改变了一切。两年后，他完成了他的第一本书。

你用同样的努力可能可以接触到更多人。不论在你是从事哪一行，第一步都是消除挡住去路的任何恐惧或忧虑。当你的忧虑逐步消失，变得比较没有影响力时，新点子和洞见就会开始浮现。

我有一位点头之交经营咖啡馆。几年来她都一手包办了所有的工作。她没有雇用帮手，因为怕负担不起这个开销。问题是，由于她必须包办所有的工作，服务就相当缓慢。她压根儿也没有想到服务太慢的名声会让她失去了许多生意。她知道情况不对劲，早上来喝咖啡的人并不喜欢排长龙。有一天她问自己："如果我不害怕，我会怎么做呢？"答案再明显不过了："我会雇几个孩子来加快我的服务速度。"令她喜出望外的是，这正是她的梦想的答案。她的长龙减短了，财源也滚滚而来。同样稀松平常的是，根本没什么好怕的，一切全是她自己想出来的。别怕赚不到钱！

14. 乐观支撑你的斗志

生活中，有的挫折单靠个人的努力难以改变现状，因此，有的人便会不战而败，捶胸顿足，怨天尤人。这样的人永远也无法走出困境。真正的成大事者，则会满怀希望。

有一位外国女人的头部被抢劫犯击中了五枪，竟然还能继续活下去，医生把她的康复归功于求生的希望。她自己也说："积极的求生意念是我活下去的两大支柱。"同她一样，许多癌症患者在面临死神的威胁时，对生寄托着希望，竟然活了许多年。在挫折面前只有充满希望，永不放弃，才有机会取得成功。

希望使人增强了对挫折的心理承受能力。经历过挫折打击而能心平气和地忍下来的人都有一种切身体验：人之所以能够忍耐，是因为他对未来充满了希望。比如，一些受到不公待遇的人产生了极强的挫折感，他们本来可以找有关人去讨个公道，可是，又怕因此会给有意整他们的人留话柄，说他们计较个人名利。为了今后的前途，他们忍了，一次、二次、三次，每次忍让时他们心中想的都是希望，否则，如果一个人绝望了，对未来不抱任何希望，他就不会忍耐，而会破罐子破摔，自暴自弃，不去做任何努力。对一点点挫折都失去了承受能力。从这个意义上说，希望是奔向前途的航标和指路明灯。人若没有了希望就会迷失方向，生活就会失去意义。成大事者之所以对挫折的心理承受力强，就是因为他们选择了乐观。

成大事者在对人生充满希望的同时，也表现了他们对人生积极乐观的态度。成大事者积极乐观的态度就是在挫折中主动寻找幸福。即使道路坎坷，荆棘绕身，强者也能主动地寻找幸福，愉快地享受着生活。他们在不能取得大胜利的时候，也乐于接受小小的胜利。

近年来，有研究表明，日本的自杀人数逐年上升。很多人遇到挫折，首先想到的是"勇敢"的切腹自尽，而不是思索该怎样战胜困难。生命对于一个人只有一次，是否以积极乐观的态度去对待人生，那是大有讲究的。

有这样一则故事很能说明乐观者的人生态度。

一个人同一位准备远航的水手交谈，他问："你父亲是怎么死的？""出海捕鱼，遇着风暴，死在海上。""你祖父呢？""也死在海上。""那么，你还去航海，不怕死在海上吗？"水手问："你父亲死在哪里？""死在床上。""你的祖父呢？""也死在床上。""那么，你每天睡在床上不害怕吗？"

这个故事含有深刻的人生哲理，言简意赅，反映出了水手明知祖父、父亲都死在海上，却没有因失去亲人的痛苦挫折而改变自己的奋斗目标，仍然乐观地从事自己的事业。

乐观是指人在遭受挫折打击时，仍坚信情况将会好转，前途是光明的。从情感智商的角度来看，乐观是人们身处逆境时不心灰意冷、不绝望或抑郁消沉的心态。与希望一样，乐观能施恩于人生。当然，乐观必须根植于现实，如果盲目乐观，其后果绝不乐观。

乐观对挫折中的人有如下作用：

第一，乐观能为人排遣痛苦。乐观是一种良好的心理特征，能排遣和挫败一切痛苦与烦恼，给人生活的勇气、信心和力量。医学家认为，愉快的情绪能使心理处于怡然自得的状态，有益于人体各种激素的正常分泌，有利于调节脑细胞的兴奋和血液循环。马克思也说："一种美好的心情，比十服良药更能解除生理上的疲惫和痛楚。"

第二，乐观的生活态度有利于促进人际关系和事业。持一种乐观、豁达的生活态度参与活动，你会发现很容易与人和谐相处。乐观者浑身充满活力，容易与社会合拍，由于心情舒畅，在与人交往中就会对别人谦虚、尊重、理解，自然会得到别人的理解和尊敬，双方情感的相悦就能形成和谐融洽的人际关系。同样，强者受挫后不气馁，以乐观的态度对待暂时的失败，这样就会使他有一种自信的动机力量。这种力量把自己展现于外，参与人群和事业，从而得到成功和成就。成功和成就的愉快情感会使自己更乐观地去继续从事未完的事业或开辟新的天地，这样的良性能环使人们的事业充满生机，为人们的生活带来无穷的乐趣和意义。成长中的人以乐观的态度对待人，将形成较为聪颖、开朗和进取的个性。

第三，乐观能促进身体健康。乐观者一生中收益最大的是他们的身体机能完好。人们常说"笑一笑，十年少"没错，乐天派自然心宽体胖，乐天派会笑对人生中的坎坷与挫折。他们不容易被疾病击垮，他们抗御心脑血管病、癌症和糖尿病等慢性难治病的能力远胜过悲戚忧郁者。一项新的研究成果证明了乐观与健康的对应关系。研究发现，对自我前途和未来持冷淡态度是身体健康不良的前兆。有一位外国的流行病学家断言，长期有这种绝望意识的人，其死亡率高于心脏病、癌症和其他病因造成的平均死亡率。这说明乐观态度对于健康的确大有裨益，悲观绝望则严重影响身体健康。

那么，怎样才能保持乐观的情绪呢？

保持乐观情绪的秘诀主要有三个，一是善于幽默，善于找乐；二是遇到失败挫折决不气馁，有继续努力、再创辉煌的信念；三是为人和善，与人为友。

15. 选择走自己的路

第一个吃螃蟹的人必须是个勇士，凡是在人类历史上作出大贡献的人都需要这种敢为天下先的精神。没有"我不入地狱，谁入地狱"的勇气，就不可能为新思想、新事物开道，为社会、为人类作出独美千古、卓尔不群的贡献。

波兰天文学家哥白尼（1473～1543）的最大成就是以科学的日心说否定了在西方统治达一千多年的地心说，把自然科学从神学中解放了出来。

少年哥白尼常常在白天独自观察太阳"从太空中转过"，从早晨的朝霞一直望到傍晚的夕辉。夜里，他凝视着照亮天穹的那数不清的小小星辰。他要父母给他讲太阳和星星的故事，他还经常向他的舅父、学问渊博的主教路加·瓦西多德请教。舅父送给他一些天文学的著作，哥白尼如饥似渴地咀嚼着，然后又转回天空这本开卷的书上——因为这里展现了更加有趣的有关星宿的故事。他越来越对"天上"的事情感兴趣了。

他的哥哥发现后既诧异又担心地说："什么，你要管起天上的事情了？天上的事有神学家操心，凡人岂能干预！"

"为了让人们望着天空不再感到害怕，我要一辈子研究它！"哥白尼举起左手，神情坚定地说，"我还要叫星星和人交朋友，让它给海船校正航线，给水手指引方向。"

"你要不听我的劝告，这辈子你可有罪受了！"哥哥以教训的口气厉声说道。

少年哥白尼斩钉截铁地回答道："我主意已定，什么都不怕！"

第一架飞机的制造者兰格力1930年作第一次飞行时，飞机掉到了水里，四周充满了讥笑声。失败的消息登在第二天美国各报上。但兰格力不灰心，他相信毛病不在飞机，要求再试一试。然而第二次试飞，由于一根绳子挂着了飞机的尾巴，飞机倒冲入水里，兰格力本人几乎摔死，飞机从水里拖上来时早已破碎不堪。翌日一早，美国全国各报都嘲笑他是"傻子"，教会的牧师们认为这是亵渎了上帝，说"如果上帝的意思是叫人飞的，早就会替人生两个翅膀。"有些守旧的科学家也说，地心吸力是不能战胜的。政府也断然拒绝了他再次试飞的要求，尽管兰格力是在讥讽中郁闷死去，尽管他的飞机放在华盛顿的国立博物院之初仍被人围观和嘲笑，但正是这架飞机，带着兰格力的创造和意志，被后人送上了天，从而圆了人类在空中飞翔之梦。

但有时不可执迷太深，该撒手时请撒手。留着青山在，不怕没柴烧。事实上，迫不得已的放弃是为了更好的选择。

非洲土人抓狒狒有一绝招：故意让躲在远处的狒狒看见，将其爱吃的食物放进一个口小里大的洞中。等人走远，狒狒就欢蹦乱跳地来了，它将爪子伸进洞里，紧紧抓住食物，但由于洞口很小，它的爪子握成拳后就无法从洞中抽出来了，这时人只管不慌不忙地来收获猎物，根本不用担心它会跑掉，因为狒狒舍不得那些可口的食物，越是惊慌和急躁，就越是将食物提得越紧，爪子就越无法从洞中抽出。

听说过这个故事的朋友都大呼"妙"！——此招妙就妙在人将自己的心理推及到了类人的动物。其实，狒狒们只要稍一撒手就可以溜之大吉，可它们偏偏不！就在这一点上，说狒狒类人，亦可说人类狒狒。狒狒的举止大都是无意识的本能，由不得它，而人如果像狒狒一般见利而不见害地死不撒手，那只能怪他利令智昏或执迷不悟。

失恋者只要肯对抛弃自己的恋人撒手，何至于把自己弄得失魂落魄、心灰意冷？失业者只要肯对头脑中僵化的择业观撒手，何至于整天萎靡不振、怨天尤人？赌徒只要肯对侥幸心理撒手，何至于血本无归、倾家荡产？隐君子只要肯对海洛因撒手，何至于如行尸走肉、浑噩一生？贪赃枉法者只要肯对一个"钱"字撒手，又何至于入狱甚至搭上卿卿性命？……

16. 一生干好一件事

俗话说："付出是它自己的回报"。这当然是真的，而且比任何理由更值得付出，付出还有一面可能会让人认不出来。

金钱就是"流通"。当你感到害怕、自私，为自己堆积一切时，其实你已经停止流通了。你创造了"阻塞的管子"，使金钱难以朝你的方向流回来。尽管你缺少付出，你所拥有的任何成功都不是因为不付出而获得的。再度流通的办法就是开始付出。慷慨一点。好好报答他人，多给服务小姐一块钱小费吧，多支持几家慈善事业。回报，看看会发生什么事！什么东西会开始凭空冒出来。

如果你想要用爱或其他有价值的事物充实人生，也是同样的道理。付出和回收是一体的两面。如果你想要更多的爱、乐趣、尊重、成功、或任何东西，方法很简单：付出。不要担心任何事情，人在做天在看，你所付出的一切都会带着利息一起回来！

努力付出去做每一件事，这是对自己生命的一种交代。

法国马赛有一名叫多梅尔的警官，为了缉捕一名强奸杀害女童埃梅的罪犯，查了十几米高的文件和档案，足迹踏遍了四大洲，打了30多万次电话，行程几万公里。几十年来，由于他把全部心思都放在了追捕凶犯上，结果两任妻子都离他而去。他仍矢志不渝，经过52年漫长的追捕，终于将罪犯捉拿归案。当他用手铐铐住凶手时，已经是73岁。他兴奋地说："小埃梅可以瞑目了，我也可以退休了。"有记者问他，这样做值吗？他回答："一个人一生只要干好一件事，这辈子就没有白过。"

"一生干好一件事"，这个标准似乎并不高，但要真正干好一件有意义有价值的事，也不是那么简单。当年莱特兄弟为了让飞机飞上蓝天，一辈子忙得连结婚都没时间。为此，他们却幽默地说：我们没时间既照顾飞机，又照顾妻子，只能干好一件事。

17. 继续你的白日梦

不论做什么事，相信自己，别让别人的一句话将你击倒。自己拿定主意，追随自己的梦想。

蒙提·罗伯兹在圣思多罗有座牧马场。这个人常借用他宽敞的住宅举办募款活动，以便为帮助青少年的计划筹备基金。

上次活动时，他在致词中提到：我让杰克借用住宅是有原因的。这故事跟一个小男孩有关，他的父亲是位马术师，他从小就必须跟着父亲东奔西跑，一个马厩接着一个马厩，一个农场接着一个农场地去训练马匹。由于经常四处奔波，男孩的求学过程并不顺利。初中时，有次老师叫全班同学写报告，题目是《长大后的志愿》。

那晚他用心地写了7张纸，描述他的伟大志愿，那就是想拥有一座属于自己的牧马农场，并且仔细画了一张200亩农场的设计图，上面标有马厩、跑道等的位置，然后在这一大片农场中央，还要建造一栋占地4000平方英尺的巨宅。

他花了好大心血把报告完成，第二天交给了老师。两天后他拿回了报告，第一页上打了一个又红又大的F，旁边还写十一行字：下课后来见我。

脑中充满幻想的他下课后带着报告去找老师："为什么给我不及格？"

老师回答道："你年纪轻轻，不要老做白日梦。你没钱，没家庭背景，什么都没有。盖座农场可是个花钱的大工程：你要花钱买地、花钱买纯种马匹、花钱照顾它们。你别太好高骛远了。"老师接着又说："你如果肯重写一个比较不离谱的志愿，我会重打你的分数。"

这男孩回家后反复思量了好几次，然后征询父亲的意见，父亲只是告诉他："儿子，这是非常重要的决定，你必须拿定主意。"

再三考虑好几天后，他决定原稿交回，一个字都不改。他告诉老师："即使拿个大红字，我也不愿放弃梦想。"

蒙提此时向众人表示："我提起这故事，是因为各位现在就坐在200亩农场内，坐在占地4000平方英尺的豪华住宅中。那份初中时写的报告我至今还留着。"他顿了一下又说："有意思的是，两年前的夏天，那位老师带了30个学生来我的农场露营一星期。离开之前，他对我说：'说来有些惭愧。你读初中时，我曾泼过你的冷水。这些年来，我也对不少学生说过相同的话。幸亏你有这个毅力坚持自己的梦想。'"

没有自己梦想的人是可悲的，不懂追随梦想，惧怕挫折的人同样可悲。有梦想，就应追随，不怕困难，舍我其谁？

18. 要钱不如要命

拥有健康、年轻、生命，也就拥有了最大财富，这不是钱财可以衡量的。

一个青年老是埋怨自己时运不济，发不了财，终日愁眉不展。

这一天走过来一个须发俱白的老人，问："年轻人，干嘛不高兴？"

"我不明白，为什么我总是这么穷。"

"穷？你很富有嘛。"老人由衷地说。

"这从何说起？"年轻人问。

老人不正面回答，反问道："假如今天斩掉你一个手指头，给你一千元，你干不干？"

"不干。"年轻人回答。

"假如斩掉你一只手，给你一万元，你干不干？"

"不干。"

"假如使你双眼都瞎掉，给你十万元，你干不干？"

"不干。"

"假如让你马上变成八十岁的老人，给你一百万，你干不干？"

"不干。"

"假如让你马上死掉，给你一千万，你干不干？"

"不干。"

"这就对了，你已经有了超过一千万的财富，为什么还哀叹自己贫穷呢？"老人笑吟吟地问。

青年愕然无言，但看得出他心有所思的样子。

对钱过分贪婪，你的健康、年轻、生命终究去舍其一，钱不是万能的！

19. 悲哉，优柔寡断

当你面对挫折，力图挽回损失的时候，不必强求完璧归赵，因为每种选择都具有一定的风险。

牧人赶着牛群在树林里放牧，发现少了一头小公牛，到处寻找也找不到。于是牧人祷告说："神啊！如果让我把偷牛贼找到，我情愿贡献一只羊来祭您。"接着他翻过一个小山岗，看见一头狮子正在津津有味地享用着他的小公牛。牧人吓得四肢发软，合起双手向上天祈求道："我刚才祷告，如果能找到偷牛贼，我就献出一只羊，现在我已经看见贼了，我愿意补充的诺言，只要能让我从狮子口下保住性命，我情愿在丢掉小公牛的基础上再赔上一头大公牛。"

只要努力使自己的损失降到最低就可以了，否则你有可能会失去更多的东西。"赔了夫人又折兵"，岂不是得不偿失？

惧怕风险的人只能充当鼠辈，终日躲躲闪闪，可这样的人生又有什么意义呢？

一个灵魂对老天爷说："您派给我一个最好的形象，我将永远崇拜您。"

老天爷仁慈地回答："好，你准备做人吧，这是世界上最好的形象。"

灵魂问："做人有风险吗？"

"有，勾心斗角，残杀，诽谤，夭折，瘟疫……"

207

"另换一个吧？"

"那就做马吧！"

"做马有风险吗？"

"有，受鞭打，被宰杀……"

"唉，请再换一个吧。"

"老虎？"

"老虎！"灵魂乐了。"老虎是兽中王，他一定没风险。"

"不，老虎也有风险，有时被人猎杀，有一种小兽是它的克星……"

"啊，老天爷，我不想当动物了，植物总可以吧。"

"植物也有风险，树要遭砍伐，有毒的草被制成药物，无毒的草人兽食之……"

"啊……恕我斗胆，看来只有您老天爷没风险了，我留下，在你身边吧……"

老天爷哼了一声："我也有风险，人世间难免有冤情，我也难免被人责问，时时不安……"说着，老天爷顺手扯过一张鼠皮，包裹了这个灵魂，推下界来：

"去吧，你做它正合适。"

风险就是冒险，冒险就是风险。在风险中锻炼人生，在冒险中探求秘密这都是人生的快乐。当断则断，免留后患，追求完美的人容易一事无成。

$20.$ 不放弃垫脚的东西

放弃有时就意味着死亡。

三只青蛙掉进鲜奶桶中。

第一只青蛙说："这是命。"于是它盘起后腿，一动不动等待着死亡的降临。

第二只青蛙说："这桶看来太深了，凭我的跳跃能力，是不可能跳出去了。今天死定了。"于是，它沉入桶底淹死了。

第三只青蛙打量着四周说："真是不幸！但我的后腿还有劲，我要找到垫脚的东西，跳出这可怕的桶！"

于是，第三只青蛙一边划一边跳。慢慢地，鲜奶在它的搅拌下变成了奶油块。在奶油块的支撑下，这只青蛙奋力一跃，终于跳出了奶桶。

正是选择了生的目标，不屈的斗志——"要找到垫脚的东西，跳出这可怕的桶"——救了第三只青蛙的命。

年轻人应该有目标——而且目标一定要坚持。一位企业家指出：如果你是一个学生，只为分数而学习，那么你也许能够得到好分数。但是，如果你为知识而学，那么你就能够得到更好的分数和更多的知识；如果你为做生意而努力，那么你可能会赚很多钱。但是，如果你想通过做生意来干一番事业，那么你就有可能不仅赚很多钱，而且会干一番大事；如果你只为薪水而工作，你有可能只能得到一笔很少的收入。但是，如果你是为了你所在公司的前途而工作，那么你不仅能够得到可观的收入，而且你还能得到自我满足和同事的尊重。你对公司所做的贡献越大，就意味着你个人所得到的回报就会越多。同时，任何目标的成功都建立在不放弃的基础上，离开了这一点，无从谈起。

21. 多一分耐心，多一点坚持

只要再多一点坚持。只要再多敏捷一点。只要再多准备一点。只要再多注意一点。只要再多培养一点精力。只要再多一点创造力。

一所大教堂的牧师许多年前问一位美国学者："你知不知道任何有关南非树蛙的事？"

"不知道。"学者有点儿惊讶地回答他。

他说："你可能不想知道南非树蛙的事，但如果你想知道，你可以每天花5分钟阅读相关资料。5年内你就会成为最懂南非树蛙的人。有人会邀请你到他们总公司，还付你一大笔钱就为听听你对南非树蛙的意见。当然，这是很专业的一门学问，听众可能不多，但想想看，只要持续5年内，每天花5分钟阅读相关资料，你就能够成为南非树蛙这领域中最具权威的人。"

这位学者常常想到牧师说的话。

大多数人都不愿意每天投资5分钟的时间（与5个钟头的时间相比实在是少之又少）努力成为自己理想中的人。

伍迪·艾伦说过，生活中90%的时间只是在混日子。大多数人的生活层次只停留在：为吃饭而吃、为搭公车而搭车、为工作而工作、为了回家而回家。他们从一个地方逛到另一个地方，事情做完一件又一件，好像做了很多事，但却很少有时间从事自己真正想完成的目标。就这样，一直到老死。我猜想很多人临到退休时，才发现自己虚度了大半生，剩余的日子又在病痛中一点一点地流逝。

成功与不成功之间的距离，并不如大多数人想象的是一道巨大的鸿沟。成功与不成功只差别在一些小小的动作：每天花5分钟阅读、多打一个电话、多努力一点、在适当时机的一个表示、表演上多费一点心思、多做一些研究，或在实验室中多试验一次。

伟大的哲学家冯·哈耶克说："如果我们多设定一些有限定的目标，多一分耐心，多一点坚持，那么，我们事实上便能够进步得更快且事半功倍；如果我们'自以为是地坚信我们这一代人具有超越一切的智慧及洞察力并以此为傲'，那么我们就会反其道而行之，事倍功半"。

在实践理想时，你必须与自己做比较，看看明天有没有比今天更进步——即使只有一点点。

22. 信心支撑生命

当生命要倒下时，信心是它最好的支撑。

我认识一位老人，十年前他被诊断出患了癌症，医生预测他的生命最多还有两年。面对癌症，老人始终保持着一种乐观向上的情绪，不管病情发生多大变化，他从不气馁和颓废。在积极配合医务人员治疗的同时，他还积极参加自己力所能及的体育锻炼。就这样，他已平安度过了十个春秋。在一次闲聊中我问他，是什么神奇的力量支撑着你活了这么多年。老人笑着对我说："是信心，几乎每天早晨，我都对自己说，我不会倒下去，我还有许多事情要做，我一定能把病治好。"

人活着离不开信心。对于养生来说，信心是一剂驱逐百病的灵丹妙药。现代医学证明，如果一个人的自信心十分坚定而持久，就可以提高抵抗疾病的能力。疾病，尤其是比较严重或久治不愈的疾病，不仅折磨着人的肉体，而且同时也摧残着人的精神。因此，在疾病面前，意志薄弱者往往丧失信心，从而被疾病击垮，促使病情恶化。我国唐代著名诗人白居易在40岁时突患重病，一时间头发皓白，牙齿脱落，身体十分虚弱。然而，他并没有被疾病吓倒，而是抱着一种战胜疾病的勇气和信心，乐观的态度对待人生，终于在不断的治疗和运动中战胜了病魔，成为我国古代文学界长寿老人之一。

有位诗人说，信心是半个生命，淡漠是半个死亡。老年人能否健康长寿，因素固然有许多，但信心是重要的一条。有健康的精神，才有健康的身体。靠坚强的信心，就能祛病健身，就能健康长寿。信心是精神支柱，一个人只要精神不倒，就能顽强地活下去，战斗下去。从这个意义上说，信心不仅是半个生命，而且是整个生命。

人到老年，由于经历了几十年的凄风片雨，身染有病者总有十之八九。然而，生命或许很脆弱，但是有了信心，生命就能强劲起来；生命极易萎缩，但是有了信心，生命就能挺拔和旺盛。

信心所给予生命的，不只是一种依托，一种凭借，一种支持，信心给予生命的，是永远的坚强和力量。

23. 选择对手

有的人喜欢把弱者当对手；有的人喜欢把强者当对手。

1996年世界爱鸟日这一天，芬兰维多利亚国家公园应广大市民的要求，放飞了一只在笼子里关了4年的秃鹰。事过三日，当那些爱鸟者们还在为自己的善举津津乐道时，一位游客在距公园不远处的一片小树林里发现了这只秃鹰的尸体。解剖发现，秃鹰死于饥饿。

秃鹰本来是一种十分凶悍的鸟，甚至可与美洲豹争食。然而它由于在笼子里关得太久，远离天敌，结果失去了生存能力。

无独有偶。一位动物学家在生活于非洲奥兰治河两岸的动物时，注意到河东岸和河西岸的羚羊大不一样，前者繁殖能力比后者更强，而且奔跑的速度每分钟要快13米。

他感到十分奇怪，既然环境和食物都相同，何以差别如此之大？为了能解开其中之谜，动物学家和当地动物保护协会进行了一项实验：在两岸分别捉10只羚羊送到对岸生活。结果送到西岸的羚羊发展到14只，而送到东岸的羚羊只剩下了3只，另外7只被狼吃掉了。谜底终于被揭开，原来东岸的羚羊之所以身体强健，只因为它们附近居住着一个狼群，这使羚羊天天处在一个"竞争氛围"中。为了生存下去，它们变得越来越有"战斗力"。而西岸的羚羊长得弱不禁风，恰恰就是缺少天敌，没有生存压力。

上述现象对我们不无启迪，生活中出现一个对手、一些压力或一些磨难的确并不是坏事。一份研究资料说，一年中不患一次感冒的人，得癌症的概率是经常患感冒者的6倍。至于俗语"蚌病生珠"，则更说明问题。一粒砂子嵌入蚌的体内后，它将分泌出一种物质来疗伤，时间长了，便会逐渐形成一颗晶莹的珍珠。

什么样的对手造就什么样的自己。

生活中有各种各样的笼子，不少人的处境和那只笼子里的秃鹰差不了多少。虽然它能让人暂时地乐而忘忧，流连忘返，但毕竟是笼子。可以设想，最后的结局会和那只秃鹰没有什么两样。

24. 飞越生命的沙漠

> 既然选择了远方，那么就不要在乎挡路的沙漠。

曾读过一则非常有意思的寓言：

话说两条欢天喜地的河，从山上的源头出发，相约流向大海。它们各自分别经过了山林幽谷、翠绿草原，最后在隔着大海的一片荒漠前碰头，相对叹息。

若不顾一切往前奔流，它们必会被干涸的沙漠吸干，化为乌有；要是停滞不前，就永远也到达不了自由、无边无际的大海。云朵闻声而至，向它们提出了一个拯救它们的办法。

一条河绝望地认为云朵的办法行不通，执意不就范；另一条河则不肯就此放弃投奔大海的梦想，毅然化成了蒸汽，让云朵牵引着它飞越沙漠，终于随着暴雨落在地上，还原成河水流到大海。

不相信奇迹的那条河，宿命地流向前方，给无情的沙漠吞噬了。

在面对生活的困境时，我们都可以选择当第二条河，凭着自己坚信的理念和梦想，在绝处中寻找生机，而不是用死亡来拒绝面对难题。

一名乳癌病患者，她透露自己当初在被推入手术房的那一刻，不断地和上帝"讨价还价"，祈求上帝让她多活10年，待她那两个年幼的孩子年长一些，才来把她带走。

在那一刻，孩子成了她活着的最大的意义。为了孩子，她积极乐观地面对病魔，一路走来已有12年，而上帝也未向她"讨债"。她说，患病后认识的另一名女士就没这么幸运了，虽然病情相似，但她却因丈夫离开，生活失去了重心，而自怜自艾，放弃与病魔搏斗。而对死神的挑战，患病不到五个月的她选择弃权，像极了沙漠中被索汲水分至死的第一条河。

反观前者，从最初难以接受地不断质问："为什么是我？"到现阶段能自信豁达地面对自己的病情，她显然已飞越过生命中干旱的沙漠，尝到了生命源泉的甘甜。

是不是没尝过茶般的苦涩，就无法体会美酒的醉人？难道我们就非得经过挫折和生活的历练，才能真正领悟出活着的意义？

25. 天才都是"过来人"

上帝像精明的生意人，给你一份天才，就搭配几倍于前的苦难。

世界超级小提琴家帕格尼尼就是一位同时接受两种馈赠又善于用苦难的琴弦把天才演奏到极致的天下第一奇人。

他首先是一位苦难者。四岁时一场麻疹和强直昏厥症，已使他白布裹尸装入棺材。七岁又险死于猩红热。十三岁患上严重肺炎，不得不大量放血治疗。四十岁牙床突然长满脓疮，只好拔掉几乎所有牙齿。牙病刚愈，又染上了可怕的眼疾，幼小的儿子成了手中拐杖。五十岁后，关节炎、肠道炎、喉结核等多种疾病吞噬着他的肌体。后来声带也坏了，靠儿子按口型翻译他的思想。他仅活到五十七岁，就口吐鲜血而亡。死后尸体也备受磨难，先后搬迁了八次。

上帝搭配他的苦难实在太残酷无情了。

但他似乎觉得这还不够深重，又给生活设置了各种障碍和旋涡。他长期把自己囚禁起来，每天练琴十至十二小时，忘记饥饿和死亡。十三岁起，他就周游各地，过着流浪生活。他一生和五个女人发生过感情纠葛，其中有拿破仑的遗孀和两个妹妹。姑嫂间为他展开激烈争夺。但他不齿于上流社会生活，认定命该受苦受难。在他眼中这也不是爱情，而只是他练琴的教场和获得唯一一个儿子的公平交易。除了儿子和小提琴，他几乎没有一个家和其他亲人。

他其次才是一位天才。三岁学琴，十二岁就举办首次音乐会，并一举成功，轰动舆论界。之后他的琴声遍及法、意、奥、德、英、捷等国。他的演奏使帕尔玛首席提琴家罗拉惊异得从病榻上跳下来，木然而立，无颜收他为徒。他的琴声使卢卡观众欣喜若狂，宣布他为共和国首席小提琴家。在意大利巡回演出产生神奇效果，人们到处传说他的琴弦是用情妇肠子制作的，魔鬼又暗授妖术，所以他的琴声才魔力无穷。歌德评价他"在琴弦上展现了火一样的灵魂"。李斯特大喊："天啊，在这四根琴弦中包含着多少苦难、痛苦和受到残害的生灵啊！"

人们不禁问：是苦难成就了天才，还是天才特别热爱苦难？

这问题一时难说清。但人们分明知道：弥尔顿、贝多芬和他被认为世界文艺史上三大怪杰，居然一个成了瞎子、一个成了聋子、一个成了哑巴！——或许这正是上帝用他的搭配论摁着计算器早已计算搭配好

215

了的呢。

　　并非苦难成就天才，也不是天才特别热爱苦难。苦难很多人都可能会碰到，有的人退缩了，有的人过来了。退缩的人就此沉没，过来的人成了天才。

26. 坚持与分寸

　　　　选择好了人生分寸，就等于掌握了自己的命运。

　　约在一个半世纪以前，一艘英国商船沉没于马六甲海域，这艘从广州驶出的船上载满古老中国的丝绸、瓷器及珍宝。

　　10年前一位名叫鲍尔的人偶然从资料上获此信息，便下决心打捞这艘沉船，他在深黑的海底摸索了漫长的8年，探寻了70多平方公里的海域，终于找到了海底的宝物。

　　耗资是巨大的，工作刚进行了30天，就用去几万元，两位最初的合伙人认定无望而离去。之后没有一个合伙人能坚持得更久，其中有一位鲍尔的好友，几次加入又几次离去，并一次次劝说鲍尔放弃这"疯子"般的念头。

　　事后鲍尔说他其实一直有放弃的念头，每次精疲力竭地从海底潜回时他都想永远不再下去了，他甚至怀疑早年的记载有误，而且8年来他已耗尽巨资债台高筑，但他终于坚持到了成功的这一天。

　　坚持不用多，在人的一生中，有一次坚持到底就算是成功，而放弃一旦开了头就决不会少，对于曾经认定的事——事业、爱情、友谊，放弃过一次就会一再放弃。

　　人生当中最难选择的两个字是分寸。

在科学上有一个关于分寸的定论叫黄金分割，德国的科学家称之为神圣分割，就是最具有美学价值的比例，也就是我们人类的视觉感到最舒服的造型。其实在生活当中，黄金律几乎无处不在。旗帜的长宽，人体上下部的长短，窗子的大小，一天当中气温冷暖的比差，甚至阳光的强弱，都有一个科学的定律在发挥作用，这也就是人生的分寸。

做人做到恰如其分，是人生的最高境界。做事做到恰到好处，是人生的最大学问。

清末曾国藩回湖南组建湘军，先后攻克太平军几个重要城市，最后攻陷金陵，曾国藩因此受封一等侯爵。可是也就在这时，曾国藩发现他的湘军总数已经达到30万众，是一支谁也调不动，只听命于曾国藩的私人武装。

曾国藩感觉到了顾命大臣功高震主的问题，他开始自削兵权，从而解除了清廷的顾虑，使自己依然得到信任和重用。历史上，有不可尽数的立下绝世功勋的人都没能逃脱"狡兔死，走狗烹"的命运。曾国藩与他们的区别在于他及时地选择好了自己作为一个将军大臣的分寸。

看看我们所处的世界，因为有一个完美的尺度，我们的世界才端庄和谐。看看我们周围的人们，因为有一个人生的分寸，才使我们的人生既有失败的懊恼，也有成功的欢欣。

27. 苹果星

另选一个角度，有可能有意想不到的发现。

儿子走上前来，向我报告幼儿园里的新闻，说他又学会了新东西，想在我面前显示显示。

他打开抽屉，拿出一把不该他用的小刀，又从冰箱里取出一只苹果，说："爸爸，我要让您看看里头藏着什么。"

"我知道苹果里面是什么。"我说。

"来，还是让我切给您看看吧。"他说着把苹果一切两半——切错了。我们都知道，正确的切法应该是从茎部切到底部窝凹处，而他呢，却是把苹果横放着，拦腰切下去。然后，他把切好的苹果伸到我面前："爸爸，看那，里头有颗星星呢。"

真的，从横切面看，苹果核果然呈一个清晰的五角星状、我这一生不知吃过多少苹果，总是规规矩矩地按正确的切法把它们一切两半，却从未疑心过还有什么隐藏的图案我尚未发现！于是，在那么一天，我孩子把这消息带回家来，彻底改变了冥顽不化的我。

不论是谁，第一次切"错"苹果，大凡都仅出于好奇，或由于疏忽所致。使我深深触动的是，这深藏其中，不为人知的图案竟具有如此巨大的魅力。它先从不知什么地方传到我儿子的幼儿园，接着便传给我，现在又传给你们大家。

28. 宁可少时勤

少年时，勤快一点，不半途而废，年轻时才能厚积薄发完成自己的事业。

宋朝林逋《省心录》说："少不勤苦，老必艰辛；少能服劳，老必安逸。"意思是：少年时期不勤苦学习知识和本领，年老体衰时必然备受艰辛；少年时期能刻苦耐劳，年老时必然安逸舒适。

这话有一定的道理：年少时学到了知识和本领，日后就可以大有作为，年老了生活就可安安乐乐了。反之，少年时没学到什么知识本领，日后难有作为，年老时就难免捉襟见肘了。

岁月不饶人，中国人自古以来便深知时间的宝贵，对于时间的流逝，人们常言："一寸光阴一寸金，寸金难买寸光阴。"毛泽东同志对时间的流逝也是深有感触，有诗句说："三十八年过去，弹指一挥间。"而大自然所赋予人们的财富，最平等的就是时间，无论公侯将相、志士商贾、乞丐流民，均是同样的尺度，同样的宽厚，同样严厉，一旦逝去，不复再来，岁月如梭、华年似水，当白发复顶，夕阳西下，回首一生，有片刻之感，对于浩瀚宇宙来说，犹如沧海一粟。许多年轻人，不懂得珍惜时光，顾自在游戏场中蹉跎人生，今朝有酒今朝醉，反正"未来是我们的"，常常是今日已过，明日再说。浪掷光阴，暴殄人生。

一个能奋发图强的人，必定是有时间观念的人。汉代的张良在成名以前，就经历过一次这样的考验。少年时的张良一日在下邳的桥上遇到了一位把鞋子掉到桥下去的老人。老人三番五次地支使他，张良都一一照办了。于是老人指点说："孺子可教也，五天后的凌晨，你到这里来见我。"五天后，张良见天快亮了，就赶紧起身到桥边，不料老人已等在那里。老人对他说："应约而来，却不守时，比老人还晚到，你再过五天来。"过了五天，张良听鸡啼了，又赶紧赶去，却见老人还是比他早到，又是怒气冲冲地说："为什么又迟于约定时间？再过五天来"。这次张良在第四天的晚上不敢合眼，刚过半夜就去桥上等候。老人姗姗而来，见他果能勤于守时，十分高兴，说年轻人就应该这样。然后拿出一部《太公兵法》，传授于他。张良得此书后日夜攻读，日后果然运筹帷幄，为汉高祖刘邦一统天下出谋划策，成为汉朝的开国元勋。

人生于青春，正如一年之于春与一日之于晨，能够在这一时期以充沛的精力珍惜时间，努力学习，努力锻炼，就为其一生的发展打下了坚实的基础。有志之人，当及早发奋，以求必成。老骥伏枥，毕竟日已近暮，心有余而力不足。因此，"少壮不努力，老大徒伤悲"，可以说是惜时的最为普通的一条诚言吧。

29. 不向失败折腰

失败并不可怕，可怕的是自己打败自己，挺不下去。

失败，就是我们平常所说的挫折或者"碰钉子"心理学上认为它是当个体从事有目的活动受到障碍或干扰时，所表现的情绪状态。失败是不以人的意志为转移的生活内容之一。世上的事情往往这样：成果未成，先尝苦果；壮志未酬，先遭失败。可以说，一个人的生活目标越高，越是好强上进，就越容易敏锐地感受到失败。

当然，失败有大有小，比如学习上的困难，工作中的不顺，同事间的摩擦，恋爱时的波折等，这些都属不遂意的小事，但积累起来却会消磨人的锐气。有些失败，如高考落榜，招工无名，情场失意，事业不成，幻想破灭，家庭变故等，则往往会对一个人的生活发生重大影响，甚至摧毁一个人的某一精神支柱，使之爆发"人生危险"。

那么失败是不是有百弊而无一利呢？不是的，失败除有不可避免性，对人也有激励与消极这两重性。

以利而言，失败能引导一个人产生创造性的变迁，即增强韧性和解决问题的能力，也能引导人们以更好的方法满足需要。英国卓越的科学家威廉·汤姆逊用这样一句话概括了他的一生："有两个字最能代表我五十年内在科学进步上的奋斗，就是'失败'二字。"可见，失败成就了他的事业。

但以弊而言，一是失败会造成心理上的伤痕，在情绪上可能产生下列反应。攻击：有直接攻击与转向攻击，发泄愤怒的情绪。自信者多倾向直接攻击。自卑者常把攻击转向自己，或迁怒于别人。不安：多次失败后，自信的人也会慢慢失去自信心，出现焦虑忧郁的心境。冷漠：情绪常受其压抑，会对工作对生活失去热心，采取冷漠态度。退化：常常遭受失败的人会退化，即往往会出现孩子似的无理智的行为。

二是失败会造成行为上的偏差，常见的有：合理化：自己安慰自己，就像狐狸吃不到葡萄而说葡萄是酸的一样，给自己找个宽谅失败的理由，以便心安理得。鲁迅笔下的阿Q就深得此法。逃避：逃向幻想世界或生理疾病。压抑：把可能引起失败的想法、感情压抑住，使之变成潜意识。反向：为避免"不好的动机"的暴露，而采取与动机相反的行为，如过分的亲切与屈从，背后可能隐藏着憎恶与反抗的动机。

三是失败会造成青年成长环节上的缺陷，如：停滞：发展到某个阶段即不再前进了。改向：在遇到挫折之后改变理想方向，有的会自暴自弃，甚至堕落犯罪。畸形：生活中常见一些怪僻的人，他们畸形的原因往往是失败，如失恋造成的对异性的憎恨和疏远；因直言遭到打击而变得格外慎言胆小等。恶习：这与失败也很有关系。如有的人挨了打骂，于是也用同样的办法来对付别人，所谓"以恶抗恶"。它一旦成为积习和心理倾向，就会影响自己的发展和人格。

面对失败的这些消极性，有人常慨叹："生活真难呵！"而那些真正懂得生活的人，他会给自己提出这样的任务：战胜失败，把自己锻炼得更加成熟和坚强。

生活从它自身的逻辑出发，要求人们增强生活的勇气，来战胜失败。一位哲人曾说过："迎头搏击才能前进，勇气减轻了对命运的打击。"无数伟人就是在层层叠叠的困境和失败中锻炼了这样的勇气和胆识。

生活从它自身的逻辑出发，要求人们增强失败容忍力。这种能力的高低，一是取决于身体健康条件。一个发育正常的人，其失败容忍力当然比一个百病缠身的人来得高。二是取决于过去的经验和学习。一个人学习经历得越多，其失败容忍力也会越高。三是取决于对失败的知觉判断。知觉判断愈符合客观情况，愈能增强自信心，不易为一时的挫折所折服，也就愈能提高挫折容忍力。

生活从它自身的逻辑出发，要求人们变通进取，从失败中不断总结经验，产生创造性的变迁。成功的生活经验告诉人们，补偿是一种有用的变通进取方式，在此受到失败，到彼取得补偿，如爱情受到挫折就到事业上补取；身有缺陷就到创造中补取。试想，生活中可供翱翔的天空是那么广阔，可供回旋的余地是那么广大，可供变通的途径是那么众多，这就像俗话说：东方不亮西方亮，旱路不通水路通。碰上失败，胸怀广阔一些，给自己留的余地大一点，这叫"游刃有余"。

年轻的朋友，不要怕失败，你的生命如果是一把披荆斩棘的"刀"，那么失败就是一块不可缺少的"砥石"。为了使生命的"刀"更锋利些，勇敢地面对失败的磨砺吧！

30. 不放弃，所有的拦路虎都将成纸老虎

给自己的内心选择一个美好的自我，有自信，无形之中就可以藐视前进的阻碍，相反，所有的畏缩都将崩溃自己的心理防线。

德国整形外科医生麦尔斯对心理学的研究很有一套。他曾看过许多人，由丑变美后个性有了一百八十度的大转变。但是，也有一小部分人，即使将脸部动手术变美后，个性仍和以前一模一样。由这个现象，他领悟到："外在形象的改变无法使人改变，但心理印象的改变，却能转变一个人。"

换言之，人类是否能够获取成功，取决于心中所描绘的印象。想要成功，心中就要描绘出"自己能够成功"的印象。更重要的是，要坚定一定

能够实现那个印象的信念。

某唱片公司新歌手的专辑制作人告诉我：每年有好几百位新人想一鸣惊人，但是真正成功的只有少数几个。然而成功的歌手都有个共同的特征：那就是因歌好所赐，以及对自己唱的歌有信心，但几乎和会不会唱歌没有关系。

大部分初试唱歌的人，在唱歌的时候满脑子所想的都是不能失败，以及不可以唱错的画面，结果，唱出来的歌顾虑太多，反而无法引起听众的共鸣。

相反的，成功的歌手并不太在意哪里唱错了，或哪里走音了，他们只是很有自信的唱着。在他们的脑子里，只有站在华丽的舞台上接受如雷掌声的画面，强烈地感到"自己的歌很棒，大家听了一定会拍手叫好。"

相同的情形，在商场上也经常可以看到。又如，在会议上提出自己的计划时，如果抱着"万一遭到否决时怎么办"的心理，战战兢兢地陈述己见，不但提出来的意见令人茫然，就连发言者本人也给人一种无能的感觉。

反过来，若以"这是个完善的计划，一定可以获得众人的认同"的心态来说话，即使那个计划有些瑕疵，也能给与会者留下深刻的印象。

例如，经常失败的人最常说："反正我就是不行"或"这根本不可能"之类的丧气话，这种人在说出这句话之前，已经放弃了努力，停止思考，放任自己的无能是不对的，他将永远封闭在失败、停滞的壳中。

"最近凡事都不顺利，什么也做不好，究竟要等到何时才能好转呢？"

相信你也曾流露出一副苦恼的表情，说出这段忧心忡忡的话。

为了脱离困境，除了加强实力外，别无他法。因此，别为一时的挫败所击垮，一定要不断地持续努力，以学习更多知识，加强实力。

人常常会因遭到不如意的事，而变得颓废、消极。为什么不试着把挫败当做是更上一层楼的好机会，鼓足勇气去接受考验呢？

不要畏缩、怯懦，要学会排除心中的种种阻碍，保持一颗前进的心，拿出勇气，冲破难关。

三菱总公司研究部门的牧野升先生，当年开发喇叭内部的MT钢时，一开始公司内赞同的声音只占0.5％而已。

生产YKK拉链的吉田工业董事长，在日本经济日报的"我的履历表"中提到："我不会等到全公司赞成后才去做。全公司赞成的案子没有什么意思，而且等到全公司赞成时为时多半已晚矣"。

31. 做乌龟，别做兔子

> 龟兔赛跑，乌龟虽然笨拙，但它贵在坚持，有目标，有毅力，所以胜了兔子。

我们都在很小的时候就知道"龟兔赛跑"的故事，故事的大意是：

一只兔子和乌龟赛跑，兔子因为速度快，没几分钟就领先乌龟一大段路，而也就因为领先太多了，兔子便停下来休息。没想到一休息，竟然睡着了，也不知睡了多久，一觉醒来，乌龟已到达终点啦！

这只是故事，是人编出来的，因为动物界绝对没有兔子和乌龟赛跑这种事，但在人的世界里，却天天上演这种故事。

我有一位大学同班同学，人长得不怎么样，是重考生，平常功课也不太好，在一些期中期末考试中都不用花脑筋就可通过的同学眼中，这位不起眼的同学是没有什么分量的。可是他的读书意志却非常惊人，尤其是英语和日语，简直到了苦行僧的地步。

毕业十几年后，他拿到了博士学位，目前是某单位的高级干部，英日文更是能说能写能译，当年看不起他的同学反而混得不怎么样。

类似的故事相信你也看到过——有些人一出社会便呼风唤雨，飞黄腾达，有些人却抑郁不得志，可是过了几年，情况反过来了。

像这种情形，到底是命运捉弄人，还是人为造成的呢？

我想两个原因都有，以命运来说，的确有人因为不可抗拒的客观环境的影响而迟滞了他的发展，但有些人的不得志却是自己造成的，就像故事中的那只兔子，因为它停下来，懈怠了，所以被本来落后的乌龟迎头赶上。人也会因为满足现状，不再追求进步而被天资、能力比自己差的人赶上——甚至被远远地抛在后头。

你的资质是"兔子级"还是"乌龟级"的呢？

如果是"兔子级"的，那么恭喜你，因为你拥有比别人优秀的条件，两个蹦跳，就可到达终点，但我也提醒你，别在半途睡着了。因为有"兔子级"资质的人最容易骄傲、自满而停顿，甚至"睡着了"，这也是"兔子型"的人的悲哀。

不管你的资质是属于什么型，都最好把自己当成"乌龟型"，也就是说，做乌龟，而不要做兔子。

"乌龟"的精神就是永不停止地努力，不管阳光多强烈，也不管兔子在树底下乘凉是多么舒服，只是永不懈怠地向前。如果你有乌龟的精神，又有兔子的资质，那么你的成功自可预期，如果你的资质是属于乌龟型的，那么你的努力，也将获得佳绩，你可以不赶上兔子，但你一样可以到达终点。

有"兔子型"资质的人若把自己当成"乌龟"则是谦卑，可避免自满，而有"乌龟级"资质的人了解自己是"乌龟"则是明智之举，反而更踏实，不妄想，也不妄求，一个一个脚印，虽然辛苦煎熬，但却最实在。或许人们不会送鲜花给落后的乌鱼，但却会给它鼓励的掌声。不管如何，努力不懈，至少也是给自己一个交代。

人的天分的确有差异，成功与否与天分的高低并没有太大的关系，成功的关键在于后天的努力。那些智商不高，通过自己的奋斗而成功的人，更能赢得社会的尊重。

32. 说我行我就行

> 强者的字典里，没有"不可能"三个字。胜利者的成功，得益于"坚持"二字。

汤姆·邓普西生下来的时候只有半只左脚和一只畸形的右手，父母从不让他因为自己的残疾而感到不安。结果，他能做到任何健全男孩所能做的事：如果童子军团行军10里，汤姆也同样可以走完10里。

后来他学踢橄榄球，他发现，自己能把球踢得比在一起玩的男孩子都远。他请人为他专门设计了一只鞋子，参加了踢球测验，并且得到了冲锋队的一份合约。

但是教练却尽量婉转地告诉他，说他"不具备做职业橄榄球员的条件"，促请他去试试其他的事业。最后他申请加入新奥尔良圣徒球队，并且请求教练给他一次机会。教练虽然心存怀疑，但是看到这个男子这么自信，对他有了好感，因此就收了他。

两个星期之后，教练对他的好感加深了，因为他在一次友谊赛中踢出了55码并且为本队挣得了分。这使他获得了专为圣徒队踢球的工作，而且在那一赛季中为他的球队挣得了99分。

他一生中最伟大的时刻到来了。那天，球场上坐了六万六千名球迷。球是在28码线上，比赛只剩下了几秒钟。这时球队把球推进到45码线上。"邓普西，进场踢球。"教练大声说。

当汤姆进场时，他知道他的队距离得分线有55码远，那是由巴第摩尔雄马队毕特·瑞奇踢出来的。球传接得很好，邓普西一脚全力踢在球身上，球笔直在前进。但是踢得够远吗？六万六千名球迷屏住气观看，球在球门横杆之上几英寸的地方越过，接着终端得分线上的裁判举起了双手，表示得了3分，汤姆队以19比17获胜。球迷狂呼乱叫为踢得最远的一球而兴奋，因为这是只有半只左脚和一只畸形的手的球员踢出来的！

"真令人难以相信！"有人感叹道，但是邓普西只是微笑。他想起他的父母，他们一直告诉他的是他能做什么，而不是他不能做什么。他之所以创造这么了不起的纪录，正如他自己说的："他们从来没有告诉我，我有什么不能做的。"

可见，要想获得成功，在你的心里一定没有"不可能"三个字。

33. 不怕你不成功，就怕轻易放弃

不怕你没文化，就怕你不勤奋；不怕你没理想，就怕你无兴趣；不怕你不成功，就怕你轻易放弃。

杰克·伦敦在19岁以前，还从来没有进过中学。他在40岁时就死了，可是他却给世人留下了51部巨著。

杰克·伦敦的童年生活充满了贫困与艰难，他整天像发了疯一样跟着一群恶棍在旧金山海湾附近游荡。说起学校，他不屑一顾，并把大部分的时间都花在偷盗等勾当上。不过有一天，当他漫不经心地走进一家公共图书馆内开始读起名著《鲁滨逊漂流记》时，他看得如痴如醉，并受到了深深的感动。在看这本书时，饥肠辘辘的他，竟然舍不得中途停下来回家吃饭。第二天，他又跑到图书馆去看别的书。一个新的世界展现在他的面前——一个如同《天方夜谭》中巴格达一样奇异美妙的世界。从这以后，一种酷爱读书的情绪便不可抑制地左右了他。他一天中读书的时间往往达

到了10至15小时，从荷马到莎士比亚，从赫伯特·斯宾塞到马克思等人的所有著作，他都如饥似渴地读着。当他19岁时，他决定停止以前靠体力劳动吃饭的生涯，改成用脑力谋生。他厌倦了流浪的生活，他不愿再挨警察无情的拳头，他也不甘心让铁路的工头用灯揍自己的脑袋。

于是，就在他19岁时，他进入加州的奥克兰德中学。他不分昼夜地用功，从来就没有好好地睡过一觉。天道酬勤，他也因此有了显著地进步，他只用了3个月的时间就把4年的课程念完了，通过考试后，他进入了加州大学。

他渴望成为一名伟大的作家，在这一雄心的驱使下，他一遍又一遍地读《金银岛》、《基督山恩仇记》、《双城记》等书，随后就拼命地写作。他每天写5000字，这也就是说，他可以用20天的时间完成一部长篇小说。他有时会一口气给编辑们寄出30篇小说，但它们统统被退了回来。

后来，他写了一篇名为《海岸外的飓风》的小说，这篇小说获得了《旧金山呼声》杂志所举办的征文比赛头奖。但是他只得到了20元的稿费。他贫困至极，甚至连房租都付不起了。

那是1896年——令人兴奋和激动不已的一年。人们在加拿大西北柯劳代克，发现了金矿。

跟随着像蝗虫一样的陶金者人流，杰克·伦敦踏上了柯劳代克之路。他在那待了一年，拼了命似的挖金子。他忍受着一切难以想象的痛苦，而最后回到美国时，他的囊中却仍然空空如也。

只要能糊口，任何工作他都肯干。他曾在饭店中刷洗过盘子；他擦洗过地板；他在码头、工厂里卖过苦力。

后来，有一天——他饥肠辘辘，身边只剩下两块钱了——他决定放弃卖苦力的劳苦工作，献身于文学事业。这是1898年的事。5年后的1903年，他有6部长篇以及125篇短篇小说问世。他成了美国文艺界的最为知名的人物之一。

34. 坚持下去，你就是幸运星

没有坚持的耐力，幸运是不会落到你头上的。

一谈到小泽征尔先生，大家都知道，他堪称是全日本足以向世界夸耀的国际大音乐家、名指挥家，然而，他之所以能够建立今天名指挥家的地位，乃是参加贝桑松音乐节的"国际指挥比赛"带来的。

在这之前，他不只与世界无关，即使是日本，也是名不见经传。

他决心参加贝桑松的音乐比赛，是受到同为音乐伙伴的A先生鼓励，但他自决定参加音乐比赛开始，日日都以能得到音乐比赛奖为目标，几乎是废寝忘食地不断练习。

经过重重困难，他终于充满信心地来到欧洲。但一到当地后，就有莫大的难关在等待他。

他到达欧洲之后，首先要办的是参加音乐比赛的手续，但不知为什么，证件竟然不够齐全，不为音乐实行委员会正式受理，这么一来，他就无法参加期待已久的音乐节了！

一般说到音乐家，多半性格是内向而不爱出风头的，所以，绝大多数的人在遇到这种状况时，必是就此放弃，但他却不同，他不但不打算放弃，还尽全力积极争取。

首先，他来到日本大使馆，将整件事说明原委，然后要求帮助。

可是，日本大使馆无法解决这个问题，正在束手无策时，他突然想起朋友过去告诉他的事。

"对了！美国大使馆有音乐部，凡是喜欢音乐的人，都可以参加。"

他立刻赶到美国大使馆。

这里的负责人是位女性，名为卡莎夫人，过去她曾在纽约的某音乐团担任小提琴手。

他将事情本末向她说明，拼命拜托对方，想办法让他参加音乐比赛，但她面有难色地表示：

"虽然我也是音乐家出身，但美国大使馆不得越权干预音乐节的问题。"

她的理由很明白。

但他仍执拗地恳求她。

原来表情僵硬的她，逐渐浮现笑容。

思考了一会儿，卡莎夫人问了他一个问题：

"你是个优秀的音乐家吗？或者是个不怎么优秀的音乐家？"

他刻不容缓地回答："当然，我自认是个优秀的音乐家，我是说将来可能……"

他这几句充满自信的话，让卡莎夫人的手立时伸向电话。

她联络贝桑松国际音乐节的实行委员会，拜托他们让他参加音乐比赛，结果，实行委员会回答，两周后作最后决定，请他们等待答复。

此时，他心中便有一丝希望，心想，若是还不行，就只好放弃了。

两星期后，他收到美国大使馆的答复，告知他已获准参加音乐比赛。

这表示，他可以正式地参加贝桑国际音乐指挥比赛了！

参加比赛的人，总共约60位，他很顺利地通过了第一次预选，终于来到正式决赛，此时他严肃地想："好吧！既然我差一点就被逐出比赛，现在就算不入选也无所谓了！不过，为了不让自己后悔，我一定要努力。"

后来他终于获得了冠军。

就这样，他建立了世界大指挥家不可动摇的地位，我们可从他的话中学习重大的教训。

也许各位已经发现了"耐性"的重要性。由于手续上的漏失，他无法参加音乐节，若是在当时他就此放弃，当然不可能获得指挥比赛的荣冠，也就表示不可能成为现在国际著名的大指挥家了！

直到最后，他都没有放弃，很有耐心地奔走日本大使馆、美国大使馆，为了参加音乐节，尽了最大的努力，如此才能为他招来好运——获得贝桑松国际指挥比赛优胜、成为享誉国际的名指挥家，建立现在的地位。

相信各位现在已了解，"耐性"对于带来好运有多重要了！换句话说，为要请来幸运女神，运气远不如耐性重要。

假设你要自一副扑克牌中，指定方块A，而随便抽一张牌来试的话，若没有非常好的运气，不可能一次或两次就能抽到方块A，说不定要抽10到20次才会抽到这张方块A，更有甚者，将抽更多张牌。也许试30次亦无法如愿。

但这也无所谓。

假定20次、30次都还没有抽中你想要的牌，也不必因此而悲叹，只要你不放弃，最糟的情况，也会在第54次抽到这张你所指定的牌吧（一副扑克牌总共有54张）！

总而言之，为要抽出方块A（招来幸运的女神），耐性是很重要的，不在中途放弃，一直抽到最后一张牌的行为是必要的。

与此相同，为了招来好运，需要耐性更甚于运气，而且，为了达到愿望，"耐性"是重要原因之一。

有关"耐性"的重要性，有个富有启示性的故事，现介绍如下：

H是希尔的义父，六年前已过世。在距今约几十年前，H买了三棵柿苗种在庭院中。

"世上所有的事物，都不能只看眼前的现象，什么事都不是一朝一夕就简单顺利进展的。有价值的事物更是如此。所以，绝对不可太过焦躁，需要有耐心地等待时机到来。"

到了第8年，那两株从未长过一粒果实的柿树，突然有一株开始结出美丽的柿子，而且，柿子长得比前一株结出来的果实更大、更好看、更美味，在产量上也是前一株的数10倍，几乎可以说是"大丰收"。

人生的奥妙和这故事相同，有时，一切的努力看来都毫无价值，但那只是表面的。

因此，任何事都不能半途而废，只要加强耐性，继续努力，迟早都会如柿子般带来好运。

这个例子，暗示了成功法则中的最重要关键。换言之，就是"精诚所至，金石为开"。绝不要在心中抱持不安，要有一定会成功的坚强意志和一心一意去做的热诚，这样所有的愿望都会实现！

35. 自强不息显神通

"天行健，君子以自强不息。"客观世界不断地向前发展，社会不断地前进，因此有志者必须不断地自强，不断地更新自己。正如文天祥所说："君子之所以进者，无法，天行而已矣。"

前苏联火箭之父齐奥尔科夫斯基（1857～1935）10岁时，染上了猩红热，持续几天的高烧，引起了严重的并发症：使他几乎完全丧失了听觉，成了半聋。他默默地承受着孩子们的讥笑和无法继续上学的痛苦。他的父亲是个守林员，整天到处奔走。因此教他读书写字的担子就落到妈妈身上。通过妈妈耐心细致的讲解和循循善诱的辅导，他进步得很快。可是当他正在充满信心地自学时，母亲却患病去世了，这突如其来的打击，使他陷入了极大的痛苦。他不明白，生活的道路为什么这么难？为什么这么多的不幸都落到了他的头上？他今后该怎么办？父亲抚摸着他的头说："孩子！要有志气，靠自己的努力走下去！"是啊！学校不收，孩子们在嘲弄，今后只有靠自己了！

年幼的齐奥尔科夫斯基从此开始了真正的自学道路。他从小学课本、中学课本一直读到大学课本，自学了物理、化学、微积分、解析几何等课程。这样，一个耳聋的人，一个没有受过任何教授指导的人，一个从未进过中学和高等学府的人，由于始终如一的勤奋自学、刻苦钻研，终于使自己成了一个学识渊博的科学家，为火箭技术和星际航行奠定了理论基础。

这告诉人们只有努力，自强不息的人才能创造辉煌的人生。

18世纪，天花像一种可怕的瘟疫在欧洲和亚洲蔓延着。在英国，几乎每个人迟早都会传染上这种病，许多成年人的脸上和身上都有天花留下的难看的疤痕。成千上万的人由于病情严重而变成瞎子或疯子，每年死去的人不计其数。

免疫法的发现者英国的琴纳（1749～1823），当时还是位年轻的医师，他立志向天花宣战。他在家乡伯克利行医时，发现牧区挤奶女工从来不患天花。原来她们在挤牛奶时，无意中接触了患天花的奶牛的脓浆，传染上了牛痘，手上便长出了小脓疮。开始时稍感不适，但很快就好了，以后就再也不患天花了。琴纳由此产生了一个大胆的设想，用人工接种牛痘，预防天花。

在动物身上做实验成功了，在人身上种牛痘会不会有危险呢？决心为人类解除天花危害的琴纳，决定拿自己的儿子作为人工接种牛痘的第一个试验者。这个想法马上招致了他的妻子、亲属和朋友们的反对，说他发疯了，这样会害死孩子的。琴纳忍受着亲友们的责难，果断地把痘浆种到了儿子的胳膊上。几天以后，儿子度过了微微的不适而安然无恙。两个月后，他又把天花病人身上的浓液种到了儿子的身上。忧虑难熬的日子，一天又一天、一个星期又一个星期地过去了。儿子一直没有传染上天花。妻子的脸上露出了笑容，琴纳更是欣喜若狂。

但是，琴纳的研究不仅没有马上得到社会的承认，反而引起了一场轩然大波。教会嚷嚷说，以牲畜的疾病来传染人是"亵渎上帝"的行为，"接种牛痘是魔鬼的诺言"。许多报纸鼓吹种了牛痘会使人身上长出牛角，发出尖叫的声音，甚至耸人听闻地说，儿童种了牛痘，全身会长出牛

233

毛，面孔会变成牛的模样，像牛一样咳嗽，眼睛像公牛一样斜着看东西。一些受了蛊惑的人，包围了琴纳家的房子，向屋内扔砖头，谩骂并拦截就诊的病人。

这时候，琴纳的妻子站出来，坚持支持丈夫的研究。她鼓励并随同丈夫到伦敦去请求著名科学家的帮助与支持，以宣传和推广牛痘接种法，使更多的人尽早免于疾病的折磨。她拿出了家里的积蓄，帮助琴纳出版了《接种牛痘的原因和效果的调查》。最后，真理终于战胜了邪恶，琴纳赢得了承认和称颂。

人要想在竞争中立于不败之地，把自己混好，机遇固然重要，但捕捉、驾驭机遇之条件则在于人本身是否具有自己的优势。

数百年间一直独步天下的瑞士表，在20世纪80年代初陷入困境。两家最大制表厂1983年竟亏损1.24亿美元，濒临倒闭。同年，作为债权人的瑞士银行将其合并为SMH，尼古拉斯·海耶克出任总裁。1992年，SMH销售了1亿只手表，净利达到2.86亿美元。SMH的成功，使瑞士执全球手表业牛耳的地位得以恢复。

20世纪80年代初，全球手表年销量是5亿只，其中75美元以下的低档表为4.5亿只，75～400美元中档表4200万只，其余800万只是400美元以上的高档表，瑞士手表在中低和高档市场所占份额分别为0.3%、97%。海耶克意识到，放弃低、中档手表市场又超产高档表，使瑞士表身陷怪圈，只有抢回失去的中低档表市场才能挽救瑞士手表业。

梅耶克推出了一种售价40美元的swatch手表，它的产品设计强调花样时新、品种繁多、更突出欧洲风格，以明显有别于亚洲生产的低价表，并大做宣传。此举曾遭到不少人反对，他们认为低价表有损瑞士表形象。而海耶克认为，瑞士表的真正美好形象在于优质，优质而能低价，岂不很好？与此同时，海耶克对高档表的经营进行整顿。奥米茄表型号大幅度削减到130种，只生产纯贵金属的产品，强调它是"事业成功人士的专用表"，并取消了授权海外厂商制造的做法，使奥米茄等高档产品形象重现光彩。

不少企业在建立全球驰名的品牌之后，往往会另创"测产品"，开发、推销中低档产品，以求得更多的利润。但这样做的原则是，对主要品牌要加倍爱惜。

优势不是想出来的，也不是天上掉下来的。离开自强的根本，企图在激烈的竞争中独领风骚，只不过是痴人说梦罢了。

36. 信念，你生命的靠山

> 如果你是含着金锁匙出生，那么父母的遗产是你的靠山；如果你是出身寒门，那么你不妨选择信念作为你的靠山。

罗杰·罗尔斯是纽约历史上第一位黑人州长，他出生在纽约声名狼藉的大沙头贫民窟。在这儿出生的孩子，长大后很少有人获得较体面的职业。然而，罗杰·罗尔斯是个例外，他不仅考入了大学，而且成了州长。在他就职的记者招待会上，罗尔斯对自己的奋斗史只字不提，他仅说了一个非常陌生的名字——皮尔·保罗。后来人们才知道，皮尔·保罗是他小学的一位校长。

1961年，皮尔·保罗被聘为诺必塔小学的董事兼校长。当时正值美国嬉皮士流行的时代。他走进大沙头诺必塔小学的时候，发现这儿的穷孩子比"迷惘的一代"还要无所事事，他们旷课、斗殴，甚至砸烂教室的黑板。当罗尔斯从窗台上跳下，伸着小手走向讲台时，皮尔·保罗说，我一看你修长的小拇指就知道，将来你是纽约州的州长。当时，罗尔斯大吃一惊，因为长这么大，只有他奶奶让他振奋过一次，说他可以成为5吨重的小船的船长。这一次皮尔·保罗先生竟说他可以成为纽约州州长，着实出乎他的意料，他记下了这句话，并且相信了它。从那天起，纽约州州长就像一面旗帜。他的衣服不再沾满泥土，他说话时也不再夹污言秽语，他开始挺直腰杆走路，他成了班主席。在以后的40多年间，他没有一天不按州长的身份要求自己。51岁那年，他真的成了州长。

在他的就职演说中，有这么一段话。他说："在这个世界上，信念这种东西任何人都可以免费获得，所有成功者最初都是从一个小小的信念开始的。"

37. 忍者无敌

生命总有最坏的日子，但"最坏"毕竟不是永远，挨过去后迎来的便是好日子。

凡·高在成为画家之前，曾到一个矿区当牧师。有一次他和工人一起下井，在升降机中，他陷入巨大的恐惧。颤巍巍的铁索轧轧作响，箱板在左右摇晃，所有的人都默不作声，听凭这机器把他们运进一个深不见底的黑洞，这是一种进地狱的感觉。事后，凡·高问一个神态自若的老工人："你们是不是习惯了，不再感到恐惧？"这位坐了几十年升降机的老工人答道："不，我们永远不习惯，永远感到害怕，只不过我们学会了克制。"

有些生活，你永远也不会习惯，但只要你活着，这样的日子你还得一天一天过下去，所以你就得学会克制，学会忍耐。

你不习惯黑夜，但黑夜每天适时而来，你忍耐着，天就亮了；你不习惯寒冷的冬季，但冬天的脚步渐渐逼近，你忍耐着，那春天还会远吗？

面对日子，把最坏的都挨过去，剩下的也就是好的了。

　　"等待"一词至关重要。没有等待，美好的日子不会来临，但是，等待必须保持积极的心态，不能消极死守。不能忍受时间的煎熬，也就不能实现你的目标。

　　有一个小和尚在一座名刹担任撞钟之职。照他的理解，晨昏各撞一次钟，简单重复，谁都能做，钟声仅是寺院的作息时间，没什么大的意义。半年下来，无聊已极，"做一天和尚，撞一天钟"吧。

　　有一天方丈宣布调他到后院劈柴挑水，原因是他不能胜任撞钟之职。

　　小和尚很不服气，我撞的钟难道不准时，不响亮？！

　　老方丈告诉他说：

　　"你的钟撞得很响，但是钟声空泛、疲软，没什么意义。因为你心中没有'撞钟'这项看似简单的工作所代表的深刻意义。钟声不仅仅是寺里作息的准绳，更为重要的是要唤醒沉迷众生。为此，钟声不仅要洪亮，还要圆润、浑厚、深沉、悠远。心中无钟，即是无佛；不虔诚，不敬业，怎能担当神圣的撞钟工作呢？"

　　要想完善自己，就要在工作中把每一件小事，都和远大的固定的目标结合起来。当目标完全融入生活时，人生目标的达到就只剩下时间问题了。

38. 扬长避短

　　　　有的时候，人的劣势未必就是劣势，可能反而成了优势。

　　有一个十岁的小男孩，在一次车祸中失去了左臂，但是他很想学柔道。

　　最终，小男孩拜一位日本柔道大师做了师傅，开始学习柔道。他学得不错，可是练了三个月，师傅只教了他一招，小男孩有点弄不懂了。

　　他终于忍不住问师傅："我是不是应该再学学其他招数？"

师傅回答说："不错，你的确只会一招，但你只需要会这一招就够了。"

小男孩并不是很明白，但他很相信师傅，于是就继续照着练了下去。

几个月后，师傅第一次带小男孩去参加比赛。小男孩自己都没有想到居然轻轻松松地赢了前两轮。第三轮稍稍有点艰难，但对手还是很快就变得有些急躁，连连进攻，小男孩敏捷地施展出自己的那一招，又赢了。就这样，小男孩迷迷瞪瞪地进入了决赛。

决赛的对手比小男孩高大、强壮许多，也似乎更有经验，有一度小男孩显得有点招架不住，裁判担心小男孩会受伤，就叫了暂停，还打算就此终止比赛，然而师傅不答应，坚持说："继续下去！"

比赛重新开始后，对手放松了戒备，小男孩立刻使出他的那一招，制服了对手，由此赢了比赛，得了冠军。

回家的路上，小男孩和师傅一起回顾每场比赛的每一个细节，小男孩鼓起勇气道出了心里的疑问："师傅，我怎么就凭一招就赢得了冠军？"

师傅答道："有两个原因：第一，你几乎完全掌握了柔道中最难的一招；第二，就我所知，对付这一招唯一的办法是对手抓住你的左臂。"

所以，小男孩最大的劣势变成了他最大的优势。

只要懂得扬长避短就无劣势可言。再聪明些的话，也可以把劣势变成特点或优势。

39. 不要放弃你的优势

这个世界上安于现状的人实在是太多了，他们总是想："就这样活着吧，机遇不好，老天对我也不公平。"得心安理于是你越这么想，你就越觉得，你也就越放松自己，得过且过地过日子。

社会很容易抹杀人的特质，一旦进入社会很多人都觉得自己的棱角彻底被磨平了，以前所拥有的那些期望和志向，不知不觉中就彻底放在心灵的深处藏了起来。

李扬是中国著名的配音演员，被戏称为"天生爱叫的唐老鸭"。李扬在初中毕业后参了军，在部队当一名工程兵，他的工作内容是挖土，打坑道，运灰浆，建房屋。可是李扬明白，自己身上潜在的宝藏还没有开发出来：那就是自己一直喜爱的影视艺术和文学艺术。

在一般人看来，这两种工作简直是风马牛不相及。但李扬却坚信自己在这方面有潜力，应该努力把它们发掘出来。于是他抓紧时间工作，认真读书看报，博览众多的名著剧本，并且尝试着自己搞些创作。退伍后李扬成了一名普通工人，但是他扔然坚持不懈地追求自己的目标。没有多久，大学恢复招生考试，李扬考上了北京工业大学机械系，变成了一名大学生。从此，他用来发掘自己身上宝藏的机会和工具都一下子多了起来。经几个朋友的介绍，李扬在短短的五年中参加了数部外国影片的译制录音工作。这个业余爱好者凭借着生动的、富有想象力的声音风格，参加了《西游记》中的美猴王的配音工作。1986年初，他迎来了自己事业中的辉煌时刻，风靡世界的动画片《米老鼠和唐老鸭》招聘汉语配音演员，风格独特的李扬一下子被迪斯尼公司相中，为可爱滑稽的唐老鸭配音，从此一举成名。李扬说，自己之所以成功，是因为一直没有停止过挖掘自己的长处。

明日复明日，明日何其多，许多人感慨人生，纵然有积极的人生目标，也不知如何去把握。

如果讲个笑话给英国人听，他会笑三次：你讲的时候他笑一次，那是礼貌；你解释那个笑话的时候他第二次笑——那也是礼貌；最后，他半夜三更醒来突然大笑起来，因为他终于懂了笑话的意思。你把同样一个笑话讲给德国人听，他会笑两次：你讲的时候他笑一次——那是礼貌；你解释那个笑话的时候他第二次笑——那也是礼貌。他不会笑第三次。因为他永远弄不懂笑话的意思。你把同样一个笑话讲给美国人听，他会笑一次——你一讲他就笑了。因为他一听就懂了。可是，你把笑话讲给犹太人听，他根本不笑。他会说："那是老掉牙的笑话了，再说，你都讲错了。"英国人拘谨，脑筋动得不快，却肯下功夫去想问题；德国人死板，毫无情趣。美国人是脑袋比较灵活的人，也不赖；犹太人最聪明最世故，天生是背着历史包袱的悲剧民族，容易学有所成。中国人颇像犹太人，谦虚有余，激昂不足；苦中幽默，笑里常见皱纹，该是国运使然。唐诗有"不才明主弃，多病故人疏"一句，有人颠倒变换一二字为联，送给庸医："不明财主弃，多故病人疏，太妙！"这是黄苗子先生说的。世事往往教人笑不出来。笔底妙语连珠的老舍，"文革"时期还是投湖自尽了。又渊博又有文采的沈从文一度给揪到天安门城楼上洗男女厕所。黄苗子先生说："沈先生认认真真天天去打扫，像擦一件青铜器那样擦每一个马桶，将来有人写'天安门史'，应该补这一笔。""忍"功真是中国的国粹了：忍着哭，忍着笑，忍着所有逆来的横祸。沈先生背着30万字的《中国服装史》初稿到咸宁干校，结果被扣下来，丢了。老人家居然有勇气重新写出一本来。

生命的魅力在于生命像一盒巧克力糖，你永远不知道盒里乾坤。不是每一个民族的生命都像一盒漂亮的主力糖。没有方向，就没有巧克力。

尺有所短，寸有所长，每个人都会有自己的长处——属于自己的宝藏，开启宝藏之门的钥匙就在自己的手中，轻言放弃，这些宝藏就永无见天之日。也许你现在并不如意，但永远不能放弃的是成功的决心和斗志，更为关键的是你能不能正确地意识到什么是自己最擅长的，尽管因为现实的某些原因不得不在现在的位子上待着，但总要找到自己的宝藏，并努力去开采它。

几乎人人都可以像蜘蛛那样，从体内吐出丝来结成自己的空中堡垒——它开始工作时只利用了树叶和树枝的几个尖端，竟使空中布满了美丽迂回的路线。

40. 退缩即灭亡

不热烈地、坚强地希望成功，而一味退缩，退缩，退再缩，那么一定是世界末日将要来临了。

据说拿破仑一上战场，士兵力量可增加一倍。军队的战斗力，大半寓于士兵对将帅的信仰之中。将帅显露出疑惧惊惶，全军必然要陷于混乱、动摇；将帅的自信，则可以加强他部下健儿的勇气。

人的各部分的精神能力，像军队一样，也应该信赖其主帅——意志。

有坚强的意志，有坚强的自信，往往使得平庸的男女也能够成就神奇的事业，成就那些虽然天分高、能力强、但是多疑虑与胆小的人所不敢染指尝试的事业。

你的成就大小，往往不会超出你自信心的大小。拿破仑的军队决不会爬过阿尔卑斯山，假使拿破仑自己以为此事太难的话。同样，你在一生中，决不能成就重大的事业，假使你对自己的能力存着重大怀疑的话。

不热烈地、坚强地希望成功、期待成功而能取得成功，天下绝无此理。成功的先决条件，就是自信。

在这世界上，有许多人，他们以为别人所有的种种幸福是不属于他们的，以为他们是无法得到的，以为他们是不能与那些鸿运高照的人相提并论的。然而，他们不明白，这样缺乏自信，是会大大削弱自己的生命力的。

"假使他想他能够，他就能够；假使他想他不能够，他就不能够。"当然，这一信心是要建立在客观规律的基础上，胡思乱想是不行的。

自信心是比金钱、势力、家世、亲友更有用的条件。它是人生可靠的资本，能使人努力克服困难，排除障碍，去争取胜利。对于事业的成功，它比什么东西都更有效。

假使我们去研究、分析一些有成就的人的奋斗史，我们可以看到，他们在起步时，一定是先有一个充分信任自己能力的坚强自信心。他们的心情意志坚定到任何困难艰险都不足以使他们怀疑。恐惧的程度。这样，他们就能所向无敌了。

有人说过："假使我们自比于泥块，那我们将真的成为被人践踏的泥块。"

我们应该觉悟到"天生我材必有用"；觉悟到造物主养育我，必有伟大的目的或意志，寄于我的生命中；万一我不能充分表现我的生命于至善的境地、至高的程度，对于世界将会是一个损失。

人非圣贤，合理的目标通过努力可以达到，但绝不能超乎想象，脱离实际，否则，世界上的一切对你来说没有多少意义。

天上有只鸟在飞。一位扛锄头的人叹气道：它四处飞翔为觅一口食。另一位依窗站着的少女也正好在看这只鸟，她叹气说：它真幸福，有一双美丽的翅膀。面对同一种境况，不同的人有不同的心情、理解。满怀激情，你就会有一种振奋的感觉；失意悲观，你就会有一种痛苦或失落的感叹。当自己人生理想不能实现，或者见解、行为不为世人所理解时，都会使人迷失。现实生活中的种种情绪，会使人对境况产生相同的或近似的联想、类比。正如英国人狄斯累利所说："境遇不造人，是人造境遇。"

由于人们很容易将思维编入既存的框架里，或满足或失意或进取等等，产生"命中注定"或"无法更改"的思维定式。例如：逐渐失去踏出围绕我们的框架的勇气，然后将自己对人生的梦想和野心一个个抛弃掉。而没有追逐梦见实现野心的激情，人生将会缺乏激情。

境由心造，现实需要我们面对，需要我们好好把握。

这种意识，一定可以使我们产生出伟大的力量和勇气来。喷泉的高度无法超过它源头的高度；同样，一个人的事业成就也绝不会超过他自信所能达到的高度。

41. 懒惰使你放弃理想

懒惰使时间悄无声息地流逝；懒惰使你与成功的距离越来越大；懒惰使你一步一步地放弃理想。有些时候，我们所做的事情生并不都是有意义的，有些甚至是在浪费自己的时间和命。浪费时间，也是我们事业中的一大敌人。

浪费时间，有两种浪费方法。一种是主动浪费，一种是被动浪费。所谓主动浪费，是指由于自身的原因而造成时间的浪费。譬如说，你明明知道睡一觉时间会白白地逝去，可你偏偏要睡一觉。所谓被动浪费，是指由于他人的原因或突发事件而造成的时间浪费。比如说在你工作时，你的同事与你白白闲聊了两个小时，这两个小时就是被被动浪费了。

人都有惰性。睡在阳光下暖洋洋地不想起来；坐在树阴下聊天不愿工作或沉迷于娱乐厅中流连忘返，致使好多应该做的事情没有做，也使好多本应成功的人平平淡淡，其罪恶之首，就是懒惰。懒惰是一种习惯，是人长期养成的恶习。这种恶习只有一种成果，那就是使人躺在原地而不是奋勇前进。因此，要想具有一定成就就要改掉这种恶习。

一天的时间如果排得满满的，让工作压得喘不过气来，促使你尽最大努力地投身到工作中去，你就会无形之中在忘我的工作中改掉懒惰。

"在家有父母，出外有朋友"，这是很多人养成依赖心理，导致懒惰的根源。如果把你放在一个遥远的地方，在陌生的环境中生活，你就会自食其力，改掉懒惰的习惯。

有的人在工作中，稍有压力就放下不干了或等待明天再干，这样一拖再拖，就有很多的事情给拉下来，而时间却悄无声息地流失了。如果你有这样的习惯，那你就是在浪费自己的生命。

许多人的拖拉，是因为形成了习惯。对于这样的人，无论用什么理由，都不能使他自觉放弃拖拉的习惯。因此，需要重新训练，培养他们良好的积极工作的习惯。

一个人再拖拉，到了非干不可的时候他就不得不干了，正如房子着火了，他就不得不迅速逃生一样。明白了工作的重要性，他就不会再拖拉下去，以免造成危害和其他人的不满。

有的时候，你拖拉的原因也许是你不喜欢做，或许与你的个性或专长有关。这时候，你可以把它委托给别人去做。这样，事情也做了，你也不拖拉，对双方都是一件好事。

42. 给自己松绑

只要你有足够的毅力，锲而不舍的决心，那么去挑战那些所谓的权威吧！

剑桥郡的世界第一名女性打击乐独奏家伊芙琳·格兰妮说："从一开始我就决定：一定不要让其他人的观点阻挡我成为一名音乐家的热情。"

她成长在苏格兰东北部的一个农场，从8岁时她就开始学习钢琴。随着年龄的增长，她对音乐的热情与日俱增。但不幸的是，她的听力却在渐渐地下降，医生们断定是由于难以康复的神经损伤造成的，而且断定到12岁，她将彻底耳聋。可是，她对音乐的热爱却从未停止过。

她的目标是成为打击乐独奏家，虽然当时并没有这么一类音乐家。为了演奏，她学会了用不同的方法"聆听"其他人演奏的音乐。她只穿着长袜演奏，这样她就能通过她的身体和想象感觉到每个音符的震动，她几乎用她所有的感官来感受着她的整个声音世界。

她决心成为一名音乐家，而不是一名聋的音乐家，于是她向伦敦著名的皇家音乐学院提出了申请。

因为以前从来没有一个聋学生提出过申请，所以一些老师反对接收她入学。但是她的演奏征服了所有的老师，她顺利地入了学，并在毕业时荣获了学院的最高荣誉奖。

从那以后，她的目标就致力于成为第一位专职的打击乐独奏家，并且为打击乐独奏谱写和改编了很多乐章，因为那时几乎没有专为打击乐而谱写的乐谱。

至今，她作为独奏家已经有十几年的时间了，因为她很早就下了决心，不会仅仅由于医生诊断她完全变聋而放弃追求，因为医生的诊断并不意味着她的热情和信心不会有结果。

罗斯福总统的夫人曾向她的姨妈请教对待别人不公正的批评有什么秘诀。她姨妈说："不要管别人怎么说，只要你自己心里知道你是对的就行了。"避免所有批评的唯一方法就是只管做你心里认为对的事——因为你反正是会受到批评的。

"不要被他人的论断束缚了自己前进的步伐。追随你的热情，追随你的心灵，它们将带你到你想要去的地方。"

43. 相信自己是最美的

每个人都有获得成功的机会，但每个人的成功方式各之不同，不同的选择可能达到一样的结果。

在选美竞赛上，众人瞩目的总是亮丽鲜艳的面孔，婀娜多姿的体态。

外在美是选美取决的标准，可是也有人相信内在美的焕发才是选美最重要的条件，而且这样的理念也得到证实了，至少在美国小姐唐娜·亚松真身上，世人见识到内在美获得认同的实例。

唐娜出生在阿肯色斯的一个小镇上，她的青春期就像大多数的青少年一样生涩、害羞，对自己的将来不知所从。那个时候她想象自己是只丑小鸭，并不是选美的皇后。可是唐娜有一些远比外在的美丽更要紧的特质，她的气质清新，风度稳健。从审美的角度来看，她是一块璞玉，稍加琢磨就能大放异彩。至少她相信是的。

她决定要把自己的内在美表现出来。她去练健身，学习仪态，然后报名参加一场选美比赛。那一场比赛她没进入决赛，可是唐娜并不灰心，接着又参加了好几场比赛，直到参加过16场选美比赛之后，她终于当选阿肯色斯小姐，然后又成为美国小姐。以后她带着同样那一份自然芬芳的内在美，以及辛勤努力的工作，踏入娱乐界，目前已是一个出色的艺人，拥有自己的节目。

对我们每个人来说，这个故事透露的实在是一个好消息，因为每个人都拥有同样芬芳的内在美。最重要的是去找出自己的内在美，把它表现出来，你不见得会是另一个选美皇后，可是它能使你成为人生的赢家。

其实，每个人都具有成功者的机会。亦即在起跑点上是一样的，至于起跑后的差距则是日积月累发展出来的。虽然每个人都有获得成功的机会，但是，结果如何，完全要看个人的选择了。

44. 成功是平凡的积累

把希望的树苗扎根于平凡的土壤，用长年累月的汗水去浇灌，那么成功的花朵会格外鲜艳。

18世纪瑞典化学家舍勒在化学领域做出了杰出的贡献，可是瑞典国王毫不知情。在一次去欧洲旅行的旅途中，国王才了解到自己的国家有这么一位优秀的科学家，于是国王决定授予舍勒一枚勋章。可是负责发奖的官员孤陋寡闻，又敷衍了事，他竟然没有找到那位全欧知名的舍勒，却把勋章发给了一个与舍勒同姓的人。

其实，舍勒就在瑞典一个小镇上当药剂师，他知道要给自己发一枚勋章，也知道发错了人，但他只是付诸一笑，只当没有那么一回事，仍然埋头于化学研究之中。

舍勒在业余时间里用极其简陋的自制设置，首先发现了氧，还发现了氯、氨、氯化氢，以及几十种新元素和化合物。他从酒石中提取酒石酸，并根据实验写成两篇论文，送到斯德哥尔摩科学院。科学院竟以"格式不合"为理由，拒绝发表他的论文。但是舍勒并不灰心，在他获得了大量研究成果以后，根据这个实验写成的著作终于与读者见面了。舍勒在32岁那年当选为瑞典科学院院士。

如果我们也有舍勒这种埋头苦干、锲而不舍的精神，有在平凡中求伟大的品性，那么成功也就离你不远了。要知道在整个社会系统中，除了一些特殊的人从事特定工作之外，一般人的工作都是很平凡的。虽然是平凡的工作，但只要努力去做，和周围的人配合好，依然可以做出不平凡的成绩。

那种大事干不了、小事又不愿干的心理是要不得的。小至个人，大到一个公司、企业，它们的成功发展，正是来源于平凡工作的积累。公司需要的是能够在平凡中求成长的人，所以能够认真对待每一件事，能够把平凡工作做得很好的人才是能够发挥实力的人。因此不要看轻任何一项工作，没有人可以一步登天的，当你认真对待了解每一件事，你会发现自己的人生之路越来越广，成功的机遇也会接踵而来。成功是平凡的积累，实力体现在每一件小事中。

45. 搬出心灵的 "套房"

手指扎了一根刺，你应该高兴喊一声："幸亏不是扎在眼睛里！"你有权选择自己对逆境的态度！

有一天，汤姆到酒吧喝闷酒，服务生见他一副眉头深锁的样子，便问他："先生，您到底为了什么事烦心呢？"

汤姆答道："上个月，我叔父去世，因为他没有后代，所以，在遗嘱中，将他仅有的5000张股票全部留给了我！"

服务生听后安慰汤姆道："你的叔父去世固然让人觉得遗憾，但是人死不能复生；而且，你能继承你叔父的股票，应该也算是一件好事啊！"

汤姆答道："一开始，我也认为是件好事。但问题是，这5000张股票，全部是面临融资催缴、准备断头的股票啊！"

假使你能抱着正面的心态来面对问题，就算你真的面临像故事中的汤姆那样股票即将断头的危机，只要你能妥善应对，终究会有"解套"的一天。

坎伯曾经写道："我们无法矫治这个苦难的世界，但我们能选择快乐地活着。"

其实，天底下没有绝对的好事和绝对的坏事，有的只是你如何选择面对事情的态度。如果你凡事皆抱着负面的心态来看待，那么就算让你中了1000万的彩金，也是坏事一桩。因为你害怕中了彩金之后，有人会觊觎你的钱财，进而对你采取不利的行动。

中岛熏曾说："认为自己'做不到'，只是一种错觉，我们开始做某件事情前，往往先考虑做不做得到，接着就开始怀疑自己做得到。"

因此，如果你在做任何事情之前，就一味地采取消极的心态，告诉自己绝对做不到，恐怕，只有一辈子住在自己一手打造的心灵"套房"。

46. 放弃信念，就意味着死亡

放弃了信念，相当于选择了死亡。

在美国纽约，有一位年轻的警察叫亚瑟尔，在一次追捕行动中，他被歹徒用冲锋枪射中左眼和右腿膝盖。3个月后，当他从医院里出来时，完全变了个样：一个曾经高大魁梧、双目炯炯有神的英俊小伙现已成了一个又跛又瞎的残疾人。

纽约市政府和其他各种组织授予了他许许多多勋章和锦旗。纽约有线电台记者曾问他："您以后将如何面对您现在遭受到的厄运呢？"

他说："我只知道歹徒现在还没有被抓获，我要亲手抓住他！"

他那只完好的眼睛里透射出一种令人战栗的愤怒之光。

这以后，亚瑟尔不顾任何人的劝阻，参与了抓捕那个歹徒的行动。他几乎跑遍了整个美国，甚至有一次为了一个微不足道的线索独自一人乘飞机去了欧洲。

9年后，那个歹徒终于在亚洲某个小国被抓获了。当然，亚瑟尔起了非常关键的作用。在庆功会上，他再次成了英雄，许多媒体称赞他是全美最坚强、最勇敢的人。

不久，亚瑟尔却在卧室里割脉自杀了。在他的遗书中，人们读到了他自杀的原因："这些年来，让我活下去的理由就是抓住凶手……现在，伤害我的凶手被判刑了，我的仇恨被化解了，生存的支撑也随之消失了。面对自己的伤残，我从来没有这样绝望过……"

失去一只眼睛，或者一条健全的腿，并不要紧。但是，如果你失去了信念，就失去了一切。

47. 你的一生掌握在自己手里

世界上许多人说生命无法选择，他们认为决定人的行为的只是机遇。这种说法是比较偏激的。

国际著名的精神病学家V·弗兰克在第二次世界大战时曾被关进德国集中营。他曾是一个弗洛伊德心理学传统培养出来的宿命论者，这种心理学认为，你孩提时代的经历铸就了你的品格和性格，而且基本上决定了你整个一生。你一生的造化和大数已定，基本上可以说，你越不出定数。

弗兰克在纳粹德国的死亡集中营里，遭受了种种与人类的尊严感格格不入的虐待，甚至重温这些事就会使人不寒而栗。

他的父母，兄弟和妻子或死于集中营里或被送进了毒气室。除了一个妹妹，他的全家都完了。弗兰克自己遭到了拷打和数不胜数的侮辱，从来不知道下一步是走进毒气室呢，还是置身于"幸免于难"者的行列，那就是搬运遭难者的尸体或铲除他们的骨灰。

一天，当他被剥去衣服单独囚禁在一间窄小的牢房里时，他开始意识到了他后来称之为"最后一点人类自由"的东西，这种自由是纳粹看守无法剥夺的。他们可以控制他的整个环境，他们可以对他的肉体肆意妄为，但弗兰克是一个具有自我意识的人，他可以像一个旁观者那样注视着自己正陷入的境遇。他基本的同一性仍完好无损。他可以由他的内心来决定这一切将怎么影响他。在他身上发生的事情即刺激和他对这种刺激的反应之间，存在着他选择做出哪种反应的自由或权利。

每当他遇到这种残忍虐待时，弗兰克就会设想自己处在不同的环境中，诸如想象他从死亡集中营获释后在向他的学生讲课。他会在教室里以他心灵的眼睛描述他的状况，并将他在严刑拷打中得出的训诫告诉他的学生。

通过一系列这种心智、情绪和精神上的锻炼，主要是运用记忆力和想象力，他行使起他所拥有的些微和萌芽状的自由，直至这种自由变得越来越大，直至他比看守他的纳粹狱守具有更多的自由。表面上，这些狱守具有更大的行动自由——即在他们所处的环境里进行选择的自由；而他具有更多的心灵自由——即进行选择的更大内在力量。他成为他周围的人，甚至成为某些狱守的力量源泉。他帮助他人寻找蒙受痛苦的意义，寻找他们囚禁生活中的尊严。

之后，弗兰克得出结论："只有一种东西是不可剥夺的：那就是人类的自由——在任何情况下选择自己态度的自由——选择自己独特的行为方式的自由。"

对于生活，我们有选择权，我们能够选择，改变平庸的生活。你每天、每个小时都可做出自由的选择。要相信你就生活的主宰，命运的主人。——这是你的人生，你必须掌握对生活的主导权，因为你的每个决定都影响未来。当然，也许你有一段不幸的过去，但这并不能否定你的未来，你的一生掌握在自己手里，如果你不满意自己现在的生活，就去改变它。

48. 从丑小鸭到黑天鹅

埋头苦干，点点星光能连成一片，命运掌握在竭尽全力、勤恳工作的人手中。

有两只相貌丑陋的小鸭子在苇塘边，其中一只黑鸭子不停地振翅欲飞，它飞起来又跌下来，摔得遍体鳞伤。白鸭子说："别飞了，我们是鸭子。"

有一天，黑鸭子终于翱翔于天空，而白鸭子的翅膀则早已萎缩了。白鸭子对同类说："你们看，那只鸭子是我的伙伴。"同类们大笑："你疯了，那是只黑天鹅。"

圣经中说："无论你做什么，都要竭尽全力。"百折不挠，竭尽全力地去做同一件事，你会收获成功的果实。

人类的幸福在于沿着自己的道路不断进取，竭尽全力地达到最终的目标。生活总是给执著的人提供努力的机会和进步的空间。坚持不懈，永不停息的人往往是最后的成功者。

娜拉小时候学芭蕾舞时，父亲对她严格得近似残酷。每当她想停下来休息时，父亲总是问："你竭尽全力了吗？"娜拉便咬着牙继续练，到筋疲力尽无法站立时，才瘫坐在地上休息。

日复一日枯燥乏味的练功生活使娜拉觉得学芭蕾舞简直是一种痛苦，她开始厌烦练功，打算放弃芭蕾。

父亲得知她的打算后问："当初是谁决定你学芭蕾舞的？"

娜拉惭愧地说："是我。"

父亲说："你今天放弃了芭蕾，明天还会放弃别的，因为干任何事情都会遇到无法预料的艰难。如果你决定去做什么事，你就要用尽全力去做，否则你会一事无成。"

娜拉委屈地说："可我天天的生活都是一样的，那就是练功。"

父亲说："任何一个学芭蕾舞的人都是这样，别人都能做到，你为什么不能，除非你是弱者。"

娜拉不想成为弱者，她用父亲经常说的"你竭尽全力了吗？"这句话反问自己，练功累了就用海绵擦洗一下四肢，借以恢复体力。最后她的舞步练得灵巧如燕，终于成了一名著名的芭蕾舞演员。

　　凯恩和基尔一起学小提琴，他们同是一个老师辅导。凯恩每天坚持练琴四小时以上，而基尔练练停停，还经常因闲事耽误上课。

　　一年下来，凯恩的演奏水平大有提高，而基尔仍然停留在初学阶段。

　　辅导老师对基尔说："你既然学小提琴，就应该竭尽全力学好它，像你这样三心二意必将一事无成。"辅导老师辞了基尔，而凯恩则成了一名优秀的小提琴手。

　　强者和弱者的区别在于意志的坚定，即用尽全力的决心。目标确立了，就要尽全力去实现它。拥有不达目的誓不罢休的精神才能将事情做成。

　　有了目标，就要竭尽全力去实现，这样你才能将事情做得更好。

49. 切忌"三板斧"

　　做事就要坚持到底，莫像程咬金的斧头——头三下厉害。

　　众所周知，程咬金家住山东历城斑鸠镇，年轻时，他身长力大，性情莽撞，喜欢闯祸，动辄与人厮打，当地人个个怕他，都唤他"程老虎"。后因寻衅打死了一个捕快，问成大罪，缓决在狱。三年后逢隋炀帝大赦天下，得以出狱。但家贫如洗，生活无着，被尤俊达收留合伙打劫。尤俊达送给他一把64斤重的宣花斧，还教他斧法，但程咬金总是记不住，学了后面，忘了前面。最后，他总共就学会了三招。即使如此，因程咬金身强力壮，勇力过人，有了这把神斧，也如虎添翼一般英勇。

　　不过，程咬金如果遇上了能躲过他前三斧的人，就得赶快逃命，不然很可能就要吃亏了。

　　有一次，秦王李世民杀了窦建德后，窦手下的元帅刘黑达兴兵犯关，要给窦建德报仇。他聘请了四位王子共破唐兵，其中三王手下的将帅武艺平平，屡败于唐兵。但南阳王朱登却谋略过人，武艺超群，唐兵很难制服他。一天，朱登到关下挑战，程咬金也不知朱登底细，自告奋勇去迎敌。两人互报姓名后，程咬金嚷道："呀！你叫朱登乃是野种，不要走，看爷爷的斧吧！"说罢，他当头就是一斧劈下，朱登把枪一架；程咬金又一斧砍来，朱登大叫一声："呵呀，好一员勇将！"话未了，程咬金猛地又是一斧，把朱登劈得汗流浃背，朱登见程咬金如此厉害，心中发慌，正待要逃。程咬金又一斧，朱登发现第四斧没有力量，第五斧、六斧更是无力。朱登大笑道："原来是个虎头蛇尾的丑鬼！"朱登挺枪来战，那程咬金便只有招架之功，而无回手之力了。朱登趁势拦开程咬金劈来的斧头，扯出鞭来，打中了程咬金右臂，程咬金大叫一声"呵唷，小杂种，打得你爷老子好厉害"狼狈地逃进了关，惹得众人大笑。

50. 最后一颗子弹

有些人过早地放弃，往往不是因为外部的原因，而恰恰是他自己打败了自己。

一伙人被困在沙漠之中，已经三天三夜没喝水了，为了不至于渴死，他们决定分头去寻找水源。为了防止走散迷路，他们约定了如果某个人发现了水或是需要帮助，就向天鸣枪，其他人就会赶来。

他们中的一位带上分发的5发子弹，腰别手枪，独自向东出发去寻找水源。这人大约向东走了五公里，便再也走不动了。其时中午的太阳毒辣辣地舔着地上的一切，这人心想：快发枪声叫他们来救我，不然我非死在这鬼地方不可。于是，他拔枪朝天打了第一枪。

枪声响过以后，这人并没有盼到同伙来救自己，心想：肯定是他们没有听到自己的枪声。于是又向天上开了第二枪。

第二枪响过好一阵子，仍不见有人影，这人开始着急了，心想：他们肯定听见枪声了，可却不来救我，真是见死不救，这一定是个早计划好的阴谋，这人想着，挣扎着朝回走，并向天上开了第三枪。

第三声枪响过后，这人加快了往回走的步伐，心里开始咒骂起同伙来：这些谋财害命的家伙，设计好了圈套让我来钻，我死了，他们就可以分我的财产，抢占我的房子。我要诅咒他们全渴死，全被狼吃掉，全部热死在沙漠。"砰——"这人又放了一枪。

第四声枪响之后，这人已经有些绝望了，他仿佛看到自己被困在沙漠之中，孤身独斗凶残的恶狼，最后，成千上万的恶狼们拖着长长的大尾巴，伸着长长的舌头，向自己扑来……"砰"，这人打出最后一枚子弹。

当这人的同伴带着寻找来的泉水，从四方汇聚到枪声响过的地方时，发现这人早已倒在地上，他把最后的一颗子弹射进了自己的头颅。

51. 不教一秒闲过

不轻易放过闲暇的一分一秒，劳逸结合，才能构筑成功的基础。

英国文学史上著名女作家艾米莉·勃朗特在年轻的时候，除了写作小说，还要承担全家繁重的家务劳动，例如烤面包、做菜、洗衣服等。她在厨房劳动的时候，每次都随身携带铅笔和纸张，一有空隙，就立刻把脑子里涌现出来的思想写下去，然后再继续做饭。

著名美国作家杰克·伦敦的房间，有一种独一无二的装饰品，那就是窗帘上、衣架上、柜橱上、床头上、镜子上、墙上……到处贴满了各色各样的小纸条。杰克·伦敦非常偏爱这些纸条，几乎和它们形影不离。这些小纸条上面写满各种各样的文字：有美妙的词汇，有生动的比喻，有五花八门的资料。杰克·伦敦从来都不愿让时间白白地从他眼皮底下溜过去。睡觉前，他默念着贴在床头的小纸条；第二天早晨一觉醒来，他一边穿衣，一边读着墙上的小纸条；刮脸时，镜子上的小纸条为他提供了方便；在踱步、休息时，他可以到处找到启动创作灵感的语汇和资料。不仅在家里是这样，外出的时候，杰克·伦敦也不轻易放过闲暇的一分一秒。出门时，他早已把小纸条装在衣袋里，随时都可以掏出来看一看，想一想。

若论工作量，很少有人能超过英文《新约圣经》的翻译者詹姆斯·莫法特。据他的一位朋友说，莫氏的书房里有三张桌子，一张摆着他正在翻译的《圣经》译稿；一张摆的是他的一篇论文的原稿；在第三张桌子上，是他正在写的一篇侦探小说。

莫法特的休息方法就是从一张书桌搬到另一张书桌，继续工作。

疲劳常常只是厌倦的结果，要消除这种疲劳，停止工作是不行的，必须变换工作。一个人要是能做一种以上的事，他会活得更有劲。即使这件工作无关紧要，只要他喜欢便行。真正的休息需要不断和能力的来源保持接触。就像汽车的电瓶用完了，光是把电瓶拿出来是不够的，一定要把它拿去充电，得到新的能源，才能够再使用。

历史上一切有成就的人，无一不是善于挤时间的能手。巴尔扎克在20年的写作生涯中，写出了90多部作品，塑造了2000多个不同类的人物形象，他的许多作品成了世界名著。他的创作时间表是："从半夜到中午工作。就是说，在圈椅里坐12个小时，努力修改和创作。然后从中午到四点校对校样；五点钟用餐。五点半才上床，而到半夜又起床工作。"有时手指写得麻木了，两眼开始流泪，太阳穴在激烈跳动，他喝一杯咖啡，又继续写。有时，他一天只睡三、四个小时，他曾经一夜写完《鲁日里的秘密》，三个通宵写好《老小姐》，三天写出《幻灭》的五十页开头。有一次，他写作了十几个小时，实在支持不住了，就跑到朋友家，一头栽倒在沙发上，请朋友一小时后叫醒他。后来，因误了时间，气得他大发脾气。

巴尔扎克说，写作是"一种累人的战斗"，就好像向堡垒冲击的士兵，精神一刻也不能放松。一些传记家介绍说："每三天他的墨水瓶必得重新装满一次，并且得用掉十个笔头。"

和巴尔扎克一样珍惜时间，牛顿、居里、爱因斯坦、爱迪生等都是一些连坐车、散步、等人、理发时间都用于思考问题的挤时间的专家。

时间有独特之处，它有时过得慢一些，有时过得快一些，有时它停了下来，呆住不动了。有的时候，特别敏锐地感到时间的步伐，这时，时间飞驰而去，快得只来得及让人惊呼一声，连回顾一下都来不及。而有时，时间却踟蹰不前，慢得像粘住了一样，简直叫人难受。它突然拉长了，几分钟的时间拉成一条望不到头的线。各行各业的成功者，正是知道时间的这种特性，不断充实时间的容量，就像盖楼房一样，本来只有几十平方米的地基，盖起楼房却可以占据几百、几千、甚至几万平方米的空间。

充实时间容量的好办法就是挤。

工作要挤才紧张，时间要挤才充裕。

52. 最重要的是把握住前进的方向

决定你能否成功的，不在于你拥有什么，受到什么阻力，而是在于你能否在黑暗中，始终把握住自己前进的方向。

一个商人在翻越一座山时，遭遇了一个拦路抢劫的山匪。商人立即逃跑，但山匪穷追不舍。走投无路时，商人钻进了一个山洞里，山匪也追进了山洞里。

在洞的深处，黑暗中，商人被山匪逮住了，遭到了一顿毒打，身上的所有钱财，包括一把准备为着夜间照明用的火把，都被山匪掳去了。

幸好山匪并没有要他的命，之后，两个人各自再寻找洞的出口。

这山洞极深极黑，且洞中有洞，纵横交错。两个人置身洞里，像置身于一个地下迷宫。

山匪庆幸自己从商人那里抢来了火把，于是他将火把点燃，借着火把的亮光在洞中行走。火把给他的行走带来了方便，他能看清脚下的石块，能看清周围的石壁，因而他不会碰壁，不会被石块绊倒。但是，他走来走去，就是走不出这个洞。最终，他力竭而死。

商人失去了火把，没有了照明，他在黑暗中摸索行走得十分艰辛，他不时碰壁，不时被石块绊倒，跌得鼻青脸肿。但是，正因为他置身于一片黑暗之中，所以他的眼睛能够敏锐地感受到洞口透进来的微光，他迎着这缕微光摸索爬行，最终逃离了山洞。

没有火把照明的人最终走出了黑暗，有火把照明的人却永远葬身在黑暗之中，从中我们是否应该得出某种启示呢？

53. 细心体验，用心生活

> 珍惜生命的每一刻，把握每一个契机，审慎地判断，用心地体验，生命必得丰收。

中国的藏传佛教有"活佛转世"之说。老喇嘛临终前告诉弟子，来世将投胎为一名他所熟悉的妇女的儿子。一年后，这名妇女临盆生下一个男孩。虽然这位母亲丝毫不知道老喇嘛生前的决定，但是一直非常谨慎的教育他。她希望男孩能在良好的环境下接受熏陶，早日出人头地，成为一代宗师，到后来，似乎所有的迹象都显示：她的新生儿子就是老喇嘛的转世灵童。信教的人们准备了丰盛的供礼，举行盛大的宗教仪式来庆祝。男孩到八岁，才离开家到寺院去修行。冥冥中似乎一切的因缘都成为助力，推动一个人的生活目标。

生活中其实没有太多的意外，因为每一件事的发生都深藏着意义，一草一木都有来头。冥冥之中始终存在着一股神秘而微妙的力量，紧紧环扣住你的现在和未来。这条看似陌生的道路，时时有冲击，不断有背后的挑战，让你成长。扎实生活每一分钟，是展臂迎接丰富的人生的开始。当你细细体验生活时，就能怡然自得，品尝它的酸甜。只要不因渐行渐远而迷失大方向，仍然坚持着你的信念，继续努力走下去，不论个人的目标是否清晰，都要认真活过每一分、每一秒。

用心生活的前提，必须是时常拥有追求目标的自觉性。细心体味生活，时时检视走过的路，小心掌握各种经验所传达的讯息，聆听冥冥之中的暗语，从小到大，都有人告诉我要活得好。"好"来自于对自己和别人的一种自信和体贴。生活中的各种经验，不论是自我探索或是与他人交往，都会赋予生命不同的光彩。所以过"好"生活就要时时刻刻全力以赴向大目标冲刺，把它当做生活最高指令。人说"胸中有了大目标，千斤重担不弯腰。"朝着目标奋斗前进，生活将变得多彩多姿。"大目标"可以是理想、志向的代名词，俗话说："有志者立长志，无志者常立志。"可见，志向应立得远大。这样使奋斗有余地。在大志向下面还可以细分出若干个目标，像里程碑一样，一个个树立在未来的路上。

在生活中，确切地说，在有目的的生活中，必然也必须时常接触他人，面对自我，我们都不是在真空中生活。在竭尽所能去达成生活目标的同时，还要适时地接受新知识、新观念的洗礼，除旧布新，不断充实和完善自我。过着有目的的生活并不意味着事事顺心；相反，你可能会遇到许多问题。但是每一次的挑战与挫折，都是值得记取的经验教训。如果能以开放的心情接受，会使生活的触角更加延伸，生命的视野因而拓展，朝着目标大步前进。

生命应是一气呵成。发现自己已至中途而想抽身，绝对为时已晚，前尘往事都已如覆水难收。如果你能放弃原地踏步的念头，继续追求，不断成长，用心去走过生活，有一天你会突然发现，原来你已经不知不觉达到了原定的目标，生活之路上多了一个胜利的花环。

54. 亡羊补牢，为时不晚

"牢"破了，羊"亡"了，你丢的只不过是几只羊罢了，及时补好你的"牢"，你不是可以再养几只羊吗？何必急于放弃呢！

从前，有一个农夫，养了一圈羊，他把羊圈封得严严的，心想这下可以高枕而卧，不怕狼给叼走了。年长日久，他也没有注意。然而，一天早起去看他的羊，发觉羊圈侧面有一个裂洞，上面露着斑斑血迹，羊显然少了。他伤心透了……

他又开始动手补起洞子。邻居见了就劝他"别补了吧，羊已经丢了，补好又有什么用？"……

这就是那个古老的寓言故事"亡羊补牢，为时已晚"。它说的是，一个人犯了错，再去惋惜弥补，那个错也是难以挽回了，尤其是在决定自己命运、前途的事，这种错已经铸成，是很难改回的。

真的是这样吗？我认为"亡羊补牢，为时不晚"，重大的错也是可以挽回的！

然而，社会上"亡羊"而不知"补牢"，铸错而不去弥补的却大有人在。在工作上恣意放任，不负责任，造成了工作失误，他不是去弥补，去将失误扭转，而是去挖空心思，掩盖事实，终于造成东窗事发，身败名裂；在生活上，放荡自我，不务正业，不知重振旗鼓，再扬名威；为人处世上，心怀狭隘，言语伤人，人人对他敬而远之，他却一脸得意和狂荡。

当初，项羽一败，"亡羊"而不"补牢"，自暴自弃，无颜见江东父老，遂于乌江自刎，轻易地将江山捧手让给刘邦。若他能够"补牢"，反思自己失败的原因，吸取经验教训，最终成败是难以预卜的。

胜败乃兵家常事，人生在世，错误也是难免。错了能去修正、修补，就能获得别人的谅解。

55. 你能左右自己

当快乐与烦恼受外界环境左右时，受此影响的人常常表现喜怒无常，常让别人束手无策，别人只好对他避而远之。结果使他的心情很压抑、沉重，更加苦恼、烦躁。

其实，这样的苦恼仍需自己解决。问题的症结就在于认知评价系统如何对外界刺激应答和选择。

古代有这样一个故事：

有位学者向南隐问禅学，南隐以茶相待，他将茶水倒入杯中，茶满了，但他还是继续地倒，学者说："师傅，茶已满出来了，不要再倒了。"师傅说："您就像这茶杯一样，里面装满了您自己的看法和观点。您若是不首先把您自己的杯子倒空，叫我如何对您说禅，只有心虚才能容道。"可见，您如果心中有自己的成见，认为人们不可能征服烦恼，那么，就听不见别人的箴言了。

人，一旦降临这个世界，便陷入动荡不定的境遇之中，悲哀、愤怒、忧虑、愧疚和烦恼可能会不间断地困扰着每个人，给人们的精神套上沉重的枷锁。面对现实的挑战，您能抵御消极情绪的袭击吗？您能征服烦恼吗？您能够主宰自己吗？回答是肯定的。只要您相信：问题的症结就在于您的认知评价系统。

很多人都认为，生活的快乐与否，完全取决于外界刺激的大小，刺激大，烦恼大；刺激小，烦恼小。听起来似乎很有道理。其实这中间忽视了一个关键问题，就是您自己头脑的加工。例如，面对火车晚点这一不良刺激，有的人大发雷霆，急得团团转，焦躁上火；有的人到服务部买点东西吃，坦然等待，有的人坐在候车室给朋友写封信，充分利用时间。很明显，这三种不同的反应，绝不是由外界刺激的大小决定的，而是由他们对同一刺激的不同态度决定的。火车晚点绝不会因为你大发雷霆而改变。可见，仅仅是环境并不能使我们快乐或不快乐，而是我们对外界环境刺激反应的选择。也就是说，事件本身没有压力，它们是否使我们感到紧张、有压力在于我们以什么样的思考方式和方法看待它们。玩玩滑车道，对一些人来说，是痛苦，对另一些人来说，却是令人快乐的刺激。如果您选择悲伤的事，浑身会充满凄凉的感觉；如果您选择恐惧的事，您会感到毛骨悚然，浑身冒冷汗；如果您选择生病的事情来思考，自然会愁容满面；如果您选择令人喜悦的事情来思考，定是眉飞色舞；如果您毫无信心，失败会接踵而来……总之，我们必须运用自己自由选择的权利。作为自己生活的"总统"，你每天、每个小时都可作出自由的选择。我们每个人都能顶得住灾难和烦恼。

56. 总有一扇窗会为你打开

在现实社会中，从来就没有真正的绝境。很多人之所以没有成功，并不是因为他们缺少智慧，而是因为他们面对事情的艰难没有做下去的勇气。波德莱尔说过："没有一件工作是旷日持久的，除了那件你不敢着手进行的工作。"

保罗·迪克刚刚从祖父手中继承了美丽的"森林庄园"，一场雷电引发的山火就将其化为灰烬。面对焦黑的树桩，保罗欲哭无泪。年轻的他不甘心百年基业毁于一旦，决心倾其所有也要修复庄园，于是他向银行提交了贷款申请，但银行却无情地拒绝了他。接下来，他四处求亲告友，依然是一无所获……

所有可能的办法全都试过了，保罗始终找不到一条出路，他的心在无尽的黑暗中挣扎。他知道，自己以后再也看不到那郁郁葱葱的树林了。为此，他闭门不出，茶饭不思，眼睛熬出了血丝。

一个多月过去了，年已古稀的外祖母获悉此事，意味深长地对保罗说："小伙子，庄园成了废墟并不可怕，可怕的是你的眼睛失去了光泽，一天天地老去。一双老去的眼睛，怎么可能看得见希望呢？"

保罗在外祖母的劝说下，一个人走出了庄园，走上了深秋的街道。他漫无目的地闲逛着，在一条街道的拐角处，他看见一家店铺的门前人头攒动，他下意识地走了过去。原来，是一些家庭妇女正在排队购买木炭。那一块块躺在纸箱里的木炭忽然让保罗眼睛一亮，他看到了一线希望。

在接下来的两个多星期里，保罗雇了几名烧炭工，将庄园里烧焦的树加工成优质的木炭，分装成箱，送到集市上的木炭经销店。结果，木炭被一抢而空，他因此得到了一笔不菲的收入。

不久，他用这笔收入购买了一大批新树苗，一个新的庄园又初具规模了。几年以后，"森林庄园"再度绿意盎然。

保罗的故事告诉我们，只要擦亮双眼，生活的道路便会重新展现在自己的面前；只要心中还有一丝希望，脚下就会有新的道路。

1883年，富有创造精神的工程师约翰·罗布林雄心勃勃地意欲着手建造一座横跨曼哈顿和布鲁克林的大桥。然而桥梁专家们却劝他说这个计划纯属天方夜谭，不如趁早放弃。罗布林的儿子华盛顿·罗布林——一个很有前途的工程师，也确信这座大桥可以建成。父子俩克服了种种困难，在构思着建桥方案的同时，也说服了银行家们投资该项目。

然而大桥开工仅几个月，施工现场就发生了灾难性的事故。父亲约翰·罗布林在事故中不幸身亡，华盛顿的大脑也严重受伤。许多人都以为这项工程会因此而泡汤，因为只有罗布林父子才知道如何把这座大桥建成。

尽管华盛顿·罗布林丧失了活动和说话的能力，他的思维还同以往一样敏锐，他决心要把他们父子俩费了很多心血的大桥建成。一天，他脑中忽然一闪，想出一种用他唯一能动的一个手指和别人交流的方式，他用那根手指敲击他妻子的手臂，通过这种密码方式由妻子把他的设计意图转达给仍在建桥的工程师们。整整13年，华盛顿就这样用一根手指指挥工程，直到雄伟壮观的布鲁克林大桥最终落成。

无独有偶。法国有一名记者叫博迪，在年轻的时候，他因一场事故导致四肢瘫痪。在全身的器官中，唯一能动的只有左眼。可是，他还是决心要把自己在病倒前就构思好的作品完成。

博迪只会眨眼，所以就只有通过眨动左眼与助手沟通，逐个字母地向助手背出他的腹稿，然后由助手抄录下来。助手每一次都要按顺序把法语的常用字母读出来，让博迪来选择，当他读到的字母正是文中的字母时，博迪就眨一下眼表示正确。由于博迪是靠记忆来判断词语的，有时不一定准确，他们需要查辞典，所以每天只能录一两页，可以想象他们两个人的工作是多么的艰难！几个月后，他们历经艰辛终于完成了这部著作。为了写这本书，博迪共眨了20多万次眼。这本不平凡的书有150页，它的名字叫《潜水衣与蝴蝶》。

一根手指就可以建造一座大桥，一只眼睛就可以出一本书，还有什么是不可能的呢？这个世界上，从来没有什么真正的"绝境"。无论黑夜多么漫长，朝阳总会冉冉升起；无论风雪怎样肆虐，春风终会缓缓吹拂。当挫折接连不断，当失败如影随形，当命运之门一扇接一扇地关闭，我们永远也不要怀疑：总有一扇窗会为你打开。世界上，从来就没有什么真正的"绝境"。

57. 否认过失一次，就是重犯一次

> 苏格拉底说过："否认过失一次，就是重犯一次。"人生在世，做错事产生过失是无可避免的，但抬起双脚重新走上另一个正确的方向，才是当下该做的事。

著名散文大家刘墉在一篇名为《庸医与华佗》的文章里，给我们讲述了这样一则足以让人的心灵震颤的故事。内容大致是这样的：

一个行医数十年的妇科名医在出诊时产生了错误，他误把一个孕妇子宫里的胎儿当成了肿瘤，并要求病人马上动手术，以防扩散。病人十人害怕，也十分感激这个名医及早地发现了隐藏在身上的这枚"炸弹"。手术很快就安排就绪了，手术室里所有的器材都是最新的，对于这位已经有过上千次手术经验的医生而言，只需切开一个小小的口，就取出病人腹中的瘤体，使病人永绝后患。但是故事并没有像我们事先预想的这样顺利，请看下面的这段描写。

医生打开病人的腹部，向子宫深入观察，准备下刀，他有把握将肿瘤一次切除，使病人永绝后患。

但是他突然全身一震，刀子停在半空中，豆大的汗珠冒上额头。

他看到了令他难以置信的事，一件在他行医数十年之间不曾遭遇的事。

子宫里长的不是肿瘤，是个胎儿。

他矛盾了，陷入挣扎。

如果下刀，硬把胎儿拿掉，然后告诉病人，摘除的是肿瘤。病人一定会感激得恩同再造，而且可以确定，那所谓瘤，一定不会复发，他说不定还能得个"华佗再世"的金匾呢！

相反地，他也可以把肚子缝上，告诉病人，看了几十年的病，他居然看走眼了。

这不过几秒钟的挣扎，已经使他浑身湿透。他小心地缝合之后，回到办公室，静待病人苏醒。

医生走到病人床前，他严肃的神情，使病人和四周的亲属，都手脚冰冷，等待癌症末期的宣判。

"对不起！太太，我居然看错了，你只是怀孕，没有长瘤。"医生深深地致歉，"所幸及时发现，胎儿安好，一定能生下个可爱的小宝宝！"

病人和家属全呆住了，隔了十几秒钟，病人的丈夫突然冲过去，抓住医生的领子，吼道：

"你这个庸医，我找你算账！"

后来，孩子果然安产，而且发育正常。但是医生被告得差点破产。最大的伤害，是名誉的损失。

有朋友笑他，为什么不将错就错？就算说那是个畸形的死胎，又有谁能知道？

"老天知道！"医生只是淡淡一笑。我特别敬佩这名医生的勇气，在名誉与良心道德的天平上，他倾向了后者。而在通往众人景仰的圣殿与万人唾弃甚至是牢狱之灭的路上，它也选择了后者，这需要多么大的勇气啊！刘墉接下来评析说："为自己的身家名誉，而去拼命的人，算不得大勇。不顾自己的身家名誉，而去维护真理的人，才是真正的勇者。"我再替他补上一句：也只有选择维护真理，抚慰良心的人，才会有内心无洁、开心快乐的人生。

做错事时，最怕的便是否认自己做过。做错事并不可耻，因为只要是人，就会做错事，否认自己的行为，不但是对自己人格的缺失，也是令自己无法进步的障碍。

苏格拉底说过："否认过失一次，就是重犯一次。"

266

如果我们让自我的生命，只是在为重复的过错否认，那么，生命不但无法前进，反而会退步。

在人生的步伐中，踏错是无可避免的，踏错了能举起双脚，重新走在另一个正确的方向上，才是当下该做的事。

不要一味地活在那错踏一步的错误中，而该为自己没有一直错下去而庆幸。

美国总统罗斯福说过这样的话："所有的功绩该归于真正在场地里奋斗的人，他们的脸上混着尘埃和汗血，他们奋勇的尝试，他们犯错，不断发现自己的缺点，可是要记住：努力去做，总会犯错，总会暴露短处，但他们却是真正苦干实干的人，他们有热忱、专心致志为了一个价值目标而耗尽心力，到头来如果成功，他们也才能真正知道胜利的果实是怎样的滋味，如若失败了，他们的胸襟和那些冷淡又胆怯，从来不知道胜败是怎么一回事的人截然不同。"

看过伟人传记的人都知道：任何一个伟人，都是从挫败、失误中走出来的。所不同于一般人的，只是他们将生命中的错失，都当做自我生命再前进的垫脚石，而不是任由它阻碍自己前进的脚步。

$58.$ 除了容貌，还有别的选择

天生有一点缺陷，反而可以激发我们向上向善的力量。不要因容貌而闷闷不乐，肌肤毛发原本是受之于父母的，我们根本就无法选择。

根据最新研究，一个人的长相会直接影响到他的收入。研究人员把几千名就业者的资料加以分析，首先依外貌分门别类，再把同一部门中工作性质相近者的薪资加以比较。结果发现，相貌平庸的人薪水低于中等者，中等者的薪水又不如仪表出众的人。

外表所涵盖的范围相当广泛：衣着款式是否合宜，是否整洁、鞋子是否光亮、衬衫是否笔挺、发型如何、化妆是否得体……以及种种与个人整洁有关的事。但是，影响力最深的却是脸上的笑容，以及待人处事的态度、幽默感等等。想要打进上流社会，一定要有充分的幽默感及乐观态度。

要想步步高升，必须有人提拔。面对两个条件相当的人，领导阶层也多半提携给人好感的那个。问题是，我们会喜欢哪一个呢？面带笑容、积极乐观、平易近人的人，一定比呆板无趣、消极保守的人受欢迎。积极乐观的人必然会有更高更好的工作效率，也必然比消极保守的人容易得到他人的合作，不用说，雇主当然喜欢任用工作效率高、平易近人的人。

因此，我们应该随时保持愉快的笑容、和蔼可亲的态度，以及适度的幽默感。果真如此，保证你会在事业及生活方面跻身上流社会。

北卡洛莱纳州，艾黎山的艾迪·奥瑞得太太给我们讲述了她的一段亲身经历：

当我还是小孩子的时候，就非常的敏感且害羞，那时我的体重远超过正常标准，加上圆圆的脸颊，使我看起来更显得胖拙。我的母亲是一位思想古板且保守的旧时代女性，她认为把自己打扮得漂漂亮亮，是一件非常愚蠢的事情。她经常告诉我，衣服要穿的宽松一点才像样，而从小我的穿着就是宽宽大大的毫无美感。我从来没有参加过派对，也没有自己的娱乐，当我在学校的时候，我从来不加入同学们的游戏中，更别提体育活动了。那时候我就发觉到我的害羞几乎是一种病态，大家都用异色的眼光来看我，很显然地，我已经不受大家的欢迎。长大成人之后，嫁给大我几岁的丈夫，但是结婚并没有改变我。我的婆家是一个大而化之自信心强的家族，在他们认为理所当然的事，我却没有经历过，为了能和他们打成一片，尽我所能地去改变我自己，想成为一个像他们一样的人。可是，我却无法达成心愿，每当他们想要帮助我脱离生活阴影时，却往往使我内心的锁更为紧缩。

从此，我的性情变得非常地紧张与暴躁，不再和朋友接触，此后，我的情况愈来愈糟，甚至连听到门铃都会害怕，我自觉已无药可救了。但是，我又害怕我的丈夫知道我的隐痛，所以，每当我们一起出现在公共场合时，我刻意表现出我是多么的乐于与人相处，但是，很不幸地，我却常常因为表现过度而适得其反。我的日子愈来愈难过，我的内心产生一种强烈的感觉，就是不想再在这个世界上多待一分钟，自杀的念头也出现在我的脑海中。

那么到底是什么事情，改变了她呢？只因为她突然开窍了。她在信中继续写道：仅是被指点了一下，就改变了我的一生。有一天婆婆和我谈到她教育孩子的方式，她对她的孩子说，不论遭遇什么事情都要"坚持自我"。……"坚持自我"……它到底是什么？这个意念在我脑海中盘旋着，突然间我醒悟到，这些年来，就是因为我一直在想成为一个不是自己的人，才使我陷入痛苦的深渊。第二天我就整个改变过来了，我开始有了自我的生活，我试着去了解自己的个性、去了解自己到底是一个怎样的人、以及自己的优点。我用尽脑汁在服装的配色与样式上，把"自我"给穿出来，我伸出我的双手走向人群，我还加入了一个小规模的社团。当他们第一次安排我演出的时候，我在台上手脚不听使唤，内心慌乱得不知所措。但是，就从每一次的演出中，磨炼出我的勇气，经过一段相当长的时间，我终于尝到了以前做梦也不敢想的快乐滋味。自从有了自己的孩子以后，我也经常将我亲身体验中可获得的启示，用来教育他们。

佛法说我们的世间是有漏的世间，有缺漏、不完美是世间的真相。天生有一点缺陷，反而可以激发我们向上向善的力量。不要因容貌而闹闷不乐，肌肤毛发原本是受之于父母的，我们根本就无法选择。

59. 人生苦短，别和自己过不去

> 人生苦短，所有的选择都显得那么有限。如果你偏偏选择与自己过不去，那么你的人生将是多么的苍白。

看得开，想得透，做不到，常是我们的通病。我们容易将别人的事看得如水中倒影般明澈，而一旦涉及到自己，就会有"老眼昏花"之态。

二战期间，罗勃·摩尔在一艘美国潜艇上担任暗望员。一天清晨，随着潜艇在印度洋水下潜行的他通过潜望镜，看到一支由一艘驱逐舰、一艘运油船和一艘水雷船组成的日本舰队正向自己逼近。潜艇对准走在最后的日本水雷船准备发起攻击，水雷船却已掉过头来，朝潜艇直冲过来。原来空中的一架日机，测到了潜艇的位置，并通知了水雷船。潜艇只好紧急下潜，以便躲开水雷船的炸弹。

三分钟后，六颗深水炸弹几乎同时在潜艇四周炸开，潜艇被逼到水下八十三米深处。摩尔知道，只要有一颗炸弹在潜艇五米范围内爆炸，就会把潜艇炸出个大洞来。

潜艇以不变应万变，关掉了所有的电力和动力系统，全体官兵静静地躺在床铺上。当时，摩尔害怕极了，连呼吸都觉得困难。他不断地问自己，难道这就是我的死期？尽管潜艇里的冷气和电扇都关掉了，温度高达到40℃以上，摩尔仍然冷汗涟涟，披上大衣牙齿照样碰得格格响。

日军水雷船连续轰炸了十五个小时，摩尔却觉得比十五万年还漫长。寂静中，过去生活中无论是不幸运的倒霉事，还是荒谬的烦恼都一一在眼前重现：摩尔加入海军前是一家税务局的小职员，那时，他总为工作又累又乏味而烦恼；抱怨报酬太少，升迁无指望；烦恼买不起房子、新车和高

档服装；晚上下班回家，因一些琐事与妻子争吵。这些烦恼事，过去对摩尔来说似乎都是天大的事。而今置身这坟墓般的潜艇中，面临着死亡的威胁，摩尔深深感受到，当初的一切烦恼显得那么的荒谬。他对自己发誓：只要能活着看到日月星辰，从此再不烦恼。

日舰扔完所有炸弹终于开走了，萨摩尔和他的潜艇重新浮上水面。战后，摩尔回国重新参加工作，从此，他更加热爱生命，懂得如何去幸福地生活。他说："在那可怕的十五个小时内，我深深体验到对于生命来说，世界上任何烦恼和忧愁都是那么的微不足道。"

人的接受度很高，却往往在最后时，和自己过不去，以极端的方式让自己受苦。

有许多人要出名，等到出名之后，却又怪人人注意；女人要男人来爱，等到追求者众多时，又怪没有自己的时间。我们常常处于极端矛盾之中，而不自知。

有一个女孩子，一向保守，但由于一时冲动，和男朋友有了婚前性行为。她恼怒、悔恨，却也安慰自己："没关系，他是爱我的！"

后来，他男朋友对她实在是不好，她天天找人诉苦，却又不离开他。她妹妹劝她："别再傻了，快些离开他吧！别再和自己过不去。"

她说："不可以，他是我的第一个男人，也是我的初恋！"

现在，她仍和她的男朋友在一起，偶尔流着眼泪诉苦，偶尔安慰自己："他总会知道我是真心对他好的！"

我想，也许她要的，就只是自我安慰而已。她很会劝别人分手，最会讲的便是："别傻了，快离开那个男人，别再白白受苦。"这么会劝别人的人，最后却劝不了自己，终究也只能令自己受苦。

看得开，想得透，做不到，常是我们的通病。将别人的事看得如水中倒影般明澈，将自己的生活戴上老花眼镜。

一个早婚的妇女，因受了诸多婚姻的苦，劝别人不婚最好，还帮助分析种种，最后便劝人下定决心远离婚姻。

"可是，我怕我妈会担心。"别人犹豫。

"别管你妈了，真要决定一件事时，把一切都抛开。"她慷慨激昂地说着。

"可是，"人家又疑惑地问："你刚才不是说，原来你也是不想嫁，却在母亲担心的眼神下披上嫁衣？"

"对哦，我怎么忘了，我就是这样嫁的……"她沉吟起来。

如果只能说服得了别人，却说服不了自己，这不是和自己过不去吗？

60. 远离痛苦，选择快乐

生命有痛苦是正常的，有快乐也是正常，如果你紧紧抓住痛苦不放，快乐就永远也不会到来，远离痛苦，选择快乐，让生命重放光彩。

莫兰是我从前的邻居，我们从小一起长大，彼此关系非常好，并曾一度被认为是青梅竹马的一对，但由于上苍的安排，她中学毕业便不得不放弃上学的机会，去了她父亲的工厂，当了一名纺织女工。后来家也搬走了，我们从那以后便断了音讯。有一次我到邮局去寄东西，无意中遇见了她，那时她宛然已是一个幸福的少妇了。

为了叙叙旧情，我们在邮局附近的一家冷饮厅里坐下，并每人要了杯咖啡。我原本想听听她的幸福生活，也给自己的心灵寻找些许安慰，可她却向我诉说了她一段黑色的不幸。

"搬走后不久，通过别人介绍，我认识了程杰，一个很帅气的设计师。只是岁数稍大了些，但人品还算不错，我们相处不到一年就结了婚。"

她一面搅动着杯里的咖啡，一边娓娓地说道。

"结婚刚过一年，我儿子程亮就出世了，孩子原来很健康，可谁知在他三岁的时候，一次生病去医院治疗，竟被检查出是艾滋病毒携带者，这下我与丈夫的关系一下降到了冰点以下，我们谁都不能接受这个现实，继而互相攻击、埋怨。虽然后来经查实是在孩子出生时，在手术室感染的，我们还是不能原谅对方。后来，在孩子四岁的时候又患上了白喉，死掉了。没有了孩子的维系，我们很快就离婚了。"

莫兰轻轻地呷了口咖啡，继续说。

"这使我觉得羞辱，觉得日子是再也没有什么指望。

我想到了死。我乘火车跑到一个靠海的城市，在这城市的一个邮局里，坐下来给父母写诀别信。这城市是如此的陌生，这邮局是如此的嘈杂，衬着棕色桌面上糨糊的嘎巴和红蓝墨水的斑点把信写得无比尽情——一种绝望的尽情。这时有一位拿着邮包的老人走过来对我说：'姑娘，你的眼神好，请帮我纫上这针。'我抬起头来，跟前的老人白发苍苍，他那苍老的手上，颤颤巍巍地捏着一枚小针。

那一刻，我再也忍不住突然在那老人面前哭了。我突然不再去想死和写诀别的信。就因为那老人称我姑娘，就因为我其实永远是这世上所有老人的'姑娘'，生活还需要我，而眼前最具体的需要便是需要我帮助这老人纫上针。我甚至觉出方才我那'尽情地绝望'里有一种做作的矫情。

我纫了针，并且替老人缝好邮包。我离开邮局离开那靠海的城市回到了自己的家，我开始了新的生活，后来不久便找到了新的爱情。"

讲到这里，她的眼睛湿润了，接着她说她终生感激邮局里遇到的那位老人，不是她帮助了他，那实在是老人帮助了她，帮助她把即将断掉的生命续接了起来，如同针与线的连接才完整了绽裂的邮包。她还说从此日子里有了什么不愉快，她总是想起老人那句话："姑娘，你的眼好，你帮我纫上这针。"她常常在上班下班的路上想着这话，有时候这话如同梦一样地不真实，却又真实得不像梦。

生命有痛苦是正常的，有快乐也是正常，如果你紧紧抓住痛苦不放，快乐就永远也不会到来，放弃痛苦，抓住快乐，让生命重放光彩。而这一切，需要你给自己找一个远离痛苦的理由来安顿你的心灵。这个理由可以是无意中听到的一句话，也可以是发生在周遭的一件小事，还可以是你对生命的蓦然感悟。

一位丧子的母亲说：

"刚开始，我完全没办法平静，对于死去的儿子，不论我做什么，想什么，那种深痛的感觉就是在，渐渐的，我让自己很忙，那时，我便没有多余心思去思考儿子的死亡，但只要一静下来，甚至只是走路停下来一会儿，那种哀痛就完全袭上来，令我无法招架。

"现在，虽然想到仍会难过，但情况已不一样，我不再没事找事忙，故意逃避。当丧子之痛又来时，我让它涌上心头，我看着悲痛将我灭顶，然后渐渐的消退，平静也就跟着来了。

"最痛苦的那一刻已经过去，我已经可以不必再抗拒那种情绪。如今，我可以再次体会人生的快乐，那些痛苦已不是现在的事了，它只是我人生的一部分，而我人生其他的道路，还可以继续。"

面对痛苦的经验时，我们会先震惊，难以接受，接着便是不知所措和难以忍受，而且无法想象以后要怎么办，这时，我们便会想要逃避。

夏日游泳是一大享受，但在穿好泳装，要跳下水时，通常需要很大的勇气，水的温差会令我们产生抗拒。一旦跳下水后，适应了温差，我们反而会爱上水中的温度，并且不想离开泳池。

这种抗拒和对痛苦的抗拒一样，刚开始是痛苦的，后来，面对它之后，痛苦过去了，快乐便会出现。

不断的抗拒只会延长痛苦的时间，而该面对的仍得面对。如果一味逃避，只会令自己深陷在痛苦中。

通常痛苦不是发生时的事件，痛苦的部分在于日后的我们，总会一而再、再而三地记起那件事，而在每次忆起时，那种情绪便又上来，在我们的生活周而复始，然后，我们推拒痛苦的情绪，而痛苦却总是如影随形，怎么也摆脱不掉。

当我们在这种情绪中沉溺时，就无法在生活中体验美好。了解过去确实重要，但持续下去，只会令自己深迷于昔日的生活，而不断背负过去的痛苦。

不要逃避痛苦的感觉，也不要逃避现在的生活，当痛苦来临时，去感受它；当痛苦漂流时，不要再紧抓住它，让它成为真正的过去，这样才能好好地生活。

61. 世上没有绝对幸福的人，只有不肯快乐的心

快乐是自己的事情，只要愿意，你可以随时调换手中的遥控器，让心灵的视窗选择快乐的频道。

从前，在威尼斯的一座高山顶上，住着一位年老的智者，至于他有多么的老，为什么会有那么多的智慧，没有一个人知道，人们中只是盛传他能回答任何人的任何问题。有两个调皮捣蛋的小男孩并不以此为然，他们甚至认为可以愚弄他，于是就抓来了一只小鸟去找他。一个男孩把小鸟抓在手心一脸诡笑地问老人："都说你能回答任何人提出的任何问题，那么请您告诉我，这只鸟是活的还是死的？"老人想了想，他完全明白这个孩子的意图，便毫不迟疑地说："孩子啊，如果我说这鸟是活的，你就会马上捏死它，如果我说它是死的呢，你就会放手让它飞走。你看，孩子，你的手掌握着生杀大权啊！"

同样地，我们每个人都应该牢牢地记住这句话，每个人的手里都握着关系成败与哀乐的大权。

　　一位朋友讲过他的一次经历：一天下班后我乘中巴回家，车上的人很多，过道上站满了人。站在我面前的是一对情侣，他们亲热地相挽着，其中女孩子背对着我，女孩的背影看上去很标致，高挑、匀称、活力四射，她的发头是染过的，是最时髦的金黄色，她穿着一条今夏最流行的吊带裙，露出香肩，是一个典型的都市女孩，时尚、前卫、性感。他们靠得很近，低声絮语着什么，这位高个子女孩不时发出欢快笑声。笑声不加节制，好像是在向车上的人挑衅：你看，我比你们快乐得多！笑声引得许多人把目光投向他们，大家的目光里似乎有艳羡，不，我发觉到他们的眼神里还有一种惊讶，难道女孩美得让人吃惊？我也有一种冲动，我想看看女孩的脸，看那张倾城的脸上洋溢着的幸福会是一种什么样子。但女孩没回头，她的眼里只有她的情人。

　　后来，他们大概聊到了电影《泰坦尼克号》，这时那女孩便轻轻地哼起了那首主题歌，女孩的嗓音很美，把那首缠绵悱恻的歌处理得很到位，虽然只是随便哼哼，却有一番特别动人的力量。我想，只有足够幸福和自信的人，才会在人群里肆无忌惮地欢歌。这样想来，便觉得心里酸酸的，像我这样从内到外都极为黯淡、孤鸿无侣的人，何时才会有这样旁若无人的欢乐歌声？

　　很巧，我和那对恋人在同一站下了车，这让我有机会看看女孩的脸，我的心里有些紧张，不知道自己将看到一个多么令人悦目的绝色美人。可就在我大步流星地赶上他们并回头观望时，我惊呆了，我也理解了片刻之前车上的人那种惊诧的眼睛。我看到的是张什么样的脸啊！那是一张被烧坏了的脸，用"触目惊心"这个词来形容毫不夸张！真搞不清，这样的女孩居然会有那么快乐的心境。

　　朋友讲完他的故事后，深深地叹了口气感慨道："上帝真是够公平的，他不但把霉运给了那个女孩，也把好心情给了她！"

　　其实，朋友的感慨未免有些偏颇，选择你心情的，不是上帝，而是你自己。世上没有绝对幸福的人，只有不肯快乐的心。你必须掌握好自己的心舵，下达命令，来支配自己的命运。

你是否能够对准自己的心下达命令呢？倘若生气时就生气，悲伤时就悲伤，懒惰时就偷懒，这些只不过是顺其自然，并不是好的现象。释迦牟尼说过："妥善调整过的自己，比世上任何君王更加尊贵。"由此可知，"妥善调整过的自己"，比什么都重要。任何时候都必须明朗、愉快、欢乐、有希望、勇敢地掌握好自己的心舵。

有一个人夜里做了一个梦，在梦中他看到一位头戴白帽，脚穿白鞋，腰佩黑剑的壮士，向他大声斥责，并向他的脸上吐口水……于是从梦中惊醒过来。

次日，他闷闷不乐地对他的朋友说："我自小到大从未受过别人的侮辱。但昨夜梦里却被人骂并吐了口水，我心有不甘，一定要找出这个人来，否则我将一死了之。"

于是，他每天一起来便站在人潮往来熙攘的十字路口寻找这梦中的敌人。几星期过去了，他仍然找不到这个人。

人常常会假想一些敌人，然后在内心累积许多仇恨，使自己产生许多毒素，结果把自己活活毒死。

你是不是心中也还怀着一股怒气呢？要知道这样受伤害最大的是你自己，何不看开点，放自己一马呢？别忘了，莎士比亚曾告诫我们："使心地清净，是青年人最大的诫命。"

快乐是自己的事情，只要愿意，我们完全有权自己选择自己的快乐。